Monographien aus dem Gesamtgebiete der Psychiatrie

64

Herausgegeben von
H. Hippius, München · W. Janzarik, Heidelberg
C. Müller, Onnens (VD)

Franz Müller-Spahn

Neuroendokrinologie und Schizophrenieforschung

Mit 17 Abbildungen und 24 Tabellen

Springer-Verlag

Berlin Heidelberg New York
London Paris Tokyo
Hong Kong Barcelona
Budapest

Professor Dr. med. Franz Müller-Spahn
Psychiatrische Klinik der Universität Göttingen
von Siebold-Straße 5, W-3400 Göttingen
Bundesrepublik Deutschland

ISBN-13:978-3-642-84548-2   e-ISBN-13:978-3-642-84547-5
DOI: 10.1007/978-3-642-84547-5

Satz: Reproduktionsfertige Vorlage vom Autor
25/3130-543210 – Gedruckt auf säurefreiem Papier

Vorwort

Die Ergebnisse der Untersuchungen über die neurobiologischen Wirkungen von Neuroleptika auf verschiedene Neurotransmittersysteme waren die Basis für zahlreiche Arbeiten, die sich mit der Aufklärung pathogenetischer Zusammenhänge bei schizophrenen Psychosen befaßten. Dies führte schließlich zur Formulierung der Dopamin- und Noradrenalinhypothese der Schizophrenie. Beide Transmittersysteme sind von entscheidender Bedeutung für eine adäquate Wahrnehmungsintegration bzw. deren emotionale Bewertung. Eine Dysfunktion in diesen Bereichen wird als ein wesentlicher Faktor für die Entstehung einer Schizophrenie betrachtet.

Im Rahmen von neuroendokrinologischen Untersuchungen - und dies ist der Gegenstand der vorliegenden Arbeit - stehen Stimulationsversuche von sogenannten Indikatorhormonen zur Überprüfung zentraler dopaminerger und alphaadrenerger Rezeptorempfindlichkeit im Vordergrund der Forschung. Die dabei gewonnenen Ergebnisse weisen auf die besondere Bedeutung dopaminerger und in geringerem Umfang auch adrenerger Systeme in der Pathophysiologie schizophrener Erkrankungen hin und zeigen, daß analog zu Störungen der Wahrnehmungsintegration auch eine Desintegration dopaminerg und adrenerg gesteuerter neuroendokrinologischer Funktionen bei dieser Patientengruppe vorliegt.

An dieser Stelle soll jedoch auch auf die prinzipiellen methodischen Probleme biologisch orientierter Forschung hingewiesen werden. So liegt eine Schwierigkeit in der Notwendigkeit, artefiziell einen weitgehend statischen Zustand zu schaffen, der damit lediglich eine auf ein bestimmtes System beschränkte Momentaufnahme des Organismus liefert. Dies birgt zweifelsohne die Gefahr in sich, sich vom eigentlichen Begriff des Lebens als Ausdruck von Dynamik und Fließgleichgewichten zu entfernen, und weist in der letzten Konsequenz auf zwei zentrale Probleme der Wissenschaft hin.

Zum einen der Wunsch, das nicht Meßbare meßbar zu gestalten, d.h. einen Zustand ohne unbekannte Einflußfaktoren zu schaffen, und zum anderen die Hoffnung, die Dynamik der Naturphänomene voll zu verstehen, was wiederum voraussetzt, alle Phänomene unverfälscht in ihrer Bewegung zu beobachten.

Letztlich wird man aber diesen Forderungen aufgrund der Komplexität des Organismus niemals adäquat gerecht werden können.

Der Vorteil *neuroendokrinologischer* Experimente liegt darin, daß sie zumindest eine Aussage über die *Funktion*, d.h. die Reagibilität eines bestimmten Systems ermöglichen und nicht lediglich einen statischen Zustand abbilden.

Die Durchführung der Projekte war nur durch die Unterstützung vieler Mitarbeiter möglich, denen ich zu großem Dank verpflichtet bin.

Prof. Dr. H. Hippius, Direktor der Psychiatrischen Klinik der Universität München, räumte mir umfangreiche Möglichkeiten zur wissenschaftlichen Durchführung der Arbeit ein. Seiner Anleitung und Geduld verdanke ich die Einsicht in die Grundlagen der biologisch psychiatrischen Forschung und der klinischen Psychiatrie.

Prof. Dr. N. Matussek, Leiter der neurochemischen Abteilung, und Prof. Dr. M. Ackenheil machten mich mit der neuroendokrinologischen Untersuchungsmethodik vertraut, waren stets freundschaftlich kritische Ratgeber und gaben mir wertvolle Impulse für meine wissenschaftliche Arbeit.

Ebenso gilt mein Dank Prof. Dr. E. Rüther, vormals leitender Oberarzt der Psychiatrischen Klinik der Universität Müchen, der mir den Weg in die psychopharmakologische Forschung eröffnete und meine Arbeiten stets mit freundschaftlichem Rat begleitete.

Ohne die engagierte Mitarbeit der Doktoranden Frau G. Kurz, Frau C. Botschev und Frau A. Brachner wäre das Gelingen dieser Arbeit nicht möglich gewesen.

Frau K. Zeugner bewältigte mit viel Geschick und großer Geduld das Schreiben des Manuskriptes.

Abschließend gebührt mein besonderer Dank den vielen Patienten und Probanden, die an den verschiedenen Untersuchungen teilnahmen.

München/Göttingen im Mai 1991   Franz Müller-Spahn

Inhaltsverzeichnis

Abkürzungen

A	Adrenalin
AMP	Arbeitsgemeinschaft für Methodik und Dokumentation in der Psychiatrie
AUC	Area under the curve
BPRS	Brief Psychiatric Rating Scale
CPE	Chlorpromazineinheiten
DA	Dopamin
GABA	Gamma-Aminobuttersäure
GOD	Glukose-Oxydase
HF	Herzfrequenz
HPLC	High Pressure Liquid Chromatography
ICD	International Code of Diseases (WHO)
KG	Körpergewicht
L-Dopa	L-Dihydroxyphenylethylamin
NA	Noradrenalin
NL	Neuroleptika
Pb	Probanden
PET	Positronen-Emissions-Tomographie
PRL	Prolaktin
RDC	Research Diagnostic Criteria
RR	Blutdruck (nach Riva Rocci)
SD	Spätdyskinesien
STH	Somatotropes Hormon
STH-RH	Somatotropes Hormon-Releasing Hormone

1 Einleitung

Die Suche nach einer biologischen Ursache schizophrener Erkrankungen zählt nach wie vor zu den umstrittensten aber nichtsdestoweniger faszinierensten Aufgaben der biologischen Psychiatrie. Bereits Kraepelin (1899) stellte ausgehend von dem Konzept einer nosologischen Entität zusammenfassend fest, daß "es sich hier um einen greifbaren Krankheitsvorgang im Gehirn handeln müsse" mit einheitlicher Symptomatik und charakteristischen Verläufen.

In den vergangenen 25 Jahren wurde eine Reihe von biochemischen Hypothesen formuliert, wie z.B. die Transmethylierungshypothese (Osmond und Smythies 1952) oder die Endorphinhypothese (Watson et al. 1979). Beide Hypothesen hielten einer intensiven wissenschaftlichen Überprüfung nicht stand.

Im Gegensatz dazu besitzen die Dopamin- und die Noradrenalinhypothese, deren wissenschaftliche und klinische Relevanz im folgenden diskutiert wird, heute noch - wenn auch nicht uneingeschränkt - Gültigkeit. Diese Hypothesen postulieren eine funktionelle Überaktivität dopaminerger bzw. noradrenerger Transmittersysteme bei schizophrenen Patienten. Deshalb zählen zu den Hauptforschungsrichtungen in der biologischen Psychiatrie Untersuchungen dieser Neurotransmitter. Neuroendokrinologische Untersuchungen - und dies ist der Gegenstand der vorliegenden Arbeit - ermöglichen eine Überprüfung der Empfindlichkeit dopaminerger und alphaadrenerger Rezeptoren bei schizophrenen Patienten *in vivo*.

Im folgenden werden zunächst die topographische Anordnung und Funktion dopaminerger und noradrenerger Neurone sowie die wesentlichen Untersuchungsbefunde dargestellt, die die Formulierung der Dopamin- und Noradrenalinhypothese ermöglichten.

1.1 Topographische Anordnung und Funktion dopaminerger Neurone

Topographisch werden im zentralen Nervensystem 3 dopaminerge (DA) Neuronensysteme unterschieden, wobei diesen allgemein eine Schlüsselrolle in der Regulation der Intensität und Koordination sowohl motorischer als auch kognitiver Funktionen, d.h. letztlich der Wahrnehmungsverarbeitung, zugeschrieben wird.

1. Das *nigrostriatale System* nimmt seinen Ursprung von Zellen in der Substantia nigra und zieht mit seinen Projektionen zum Corpus striatum. Dieses System ist an der Regelung der extrapyramidalen Motorik (Hornykiewicz 1976) beteiligt. Eine Blockade von Dopaminrezeptoren in diesem Bereich ist vermutlich für die parkinsonartigen extrapyramidalmotorischen Nebenwirkungen der Neuroleptika (NL)verantwortlich.

2. Das *tuberoinfundibuläre System* zieht vom Nucleus arcuatus und den periventrikulären hypothalamischen Kerngebieten zur Eminentia mediana und beeinflußt über den Portalvenenkreislauf die Sekretion hypophysärer Hormone. Über dieses System werden die neuroendokrinologischen Nebenwirkungen der NL verursacht. So führt eine Blockade dieses DA-Systems zu einer vermehrten Freisetzung von Prolaktin (PRL) in der Hypophyse (Kamberi et al. 1970).

3. Die *mesolimbisch-mesokortikalen* Bahnen ziehen vom ventralen Tegmentum (A 10) einerseits zum Nucleus accumbens, zu den limbischen Strukturen des Nucleus amygdalae und des Tuberculum olfactorium, andererseits zum limbischzingulären und präfrontalen Kortex. Diese Bereiche werden mit affektiven Funktionen im Sinne der Emotionskontrolle sowie mit Gedächtnis-, Lern- und Motivationsleistungen in Verbindung gebracht (Hökfelt et al. 1974).

Hier wird der Hauptangriffspunkt für die antipsychotische Wirkung von NL vermutet (Meltzer und Stahl 1976).

Die *Unterteilung dopaminerger Rezeptoren in DA-1- und DA-2-Typen* basiert auf Unterschieden in der Empfindlichkeit gegenüber NL, in der zellulären und regionalen Lokalisation und in ihrer Funktion bei insgesamt ähnlicher Empfindlichkeit auf DA (Seeman 1980; Delini-Stula 1986).

Der DA-1-Rezeptor ist im Gegensatz zum DA-2-Rezeptor direkt an das Adenylatcyclasesystem gekoppelt. Alle funktionell wichtigen Veränderungen im dopaminergen System scheinen primär durch eine Beeinflussung von DA-2-Rezeptoren induziert zu werden, wie z.B. die antipsychotische Wirkung von NL oder die Steuerung der STH- und PRL-Sekretion.

1.2 Die Dopaminhypothese der Schizophrenie

Ausgangspunkt der Dopaminhypothese war die Beobachtung von Carlsson und Lindquist (1963), daß antipsychotisch wirksame Phenothiazin- und Butyrophenonderivate eine Blockade dopaminerger Rezeptoren bewirken.

Dieser hemmende Einfluß ließ sich durch neurophysiologische Untersuchungen bestätigen. So konnte eine Reduktion der spontanen Entladungsaktivität dopaminerger Neurone im striären und mesolimbischen System nachgewiesen werden (Bunney et al. 1973).

Als wichtigster Befund für die Dopaminhypothese der Schizophrenie wird die hohe Korrelation (r = 0.93) zwischen der durchschnittlichen klinisch erforderlichen Dosis verschiedener NL und ihrer antidopaminergen Wirkung angesehen, die durch die Hemmung der ^{3}H-Spiroperidolbindung im Nucleus caudatus bewiesen wurde (Peroutka und Snyder 1980).

Weitere Hinweise für die Bedeutung des dopaminergen Systems lieferten Untersuchungen mit Weckaminen vom Amphetamintyp, Post-mortem-Untersuchungen an den Gehirnen unbehandelter schizophrener Patienten sowie in den vergangenen Jahren Untersuchungen mit der Positronenemissionstomographie (PET).

Chronischer Mißbrauch von *Amphetamin*, das die Katecholamine DA und NA durch einen Austauschdiffusionsprozeß aus den präsynaptischen Nervenendigungen freisetzt, kann bei nichtpsychotischen Personen eine paranoid-halluzinatorische Symptomatik, wie sie bei der paranoiden Schizophrenie zu beobachten ist, auslösen (Snyder 1972), bzw. diese Symptomatik bei schizophrenen Patienten provozieren (Janowsky und Davis 1976) und damit als sogenannte "Modellpsychose" dienen.

Ein besonderes Interesse galt der Untersuchung von DA-Rezeptoren im limbischen Bereich und im Corpus striatum. So wurde z.B. in Post-mortem-Untersuchungen an schizophrenen Patienten ein positiver Zusammenhang zwischen erhöhter DA-Rezeptordichte im Striatum und im Nucleus accumbens und der paranoid-halluzinatorischen Symptomatik berichtet (Owen et al. 1978). 1981 fanden Cross et al. im Striatum von unbehandelten schizophrenen Patienten im Vergleich zu Verstorbenen ohne neurologische oder psychiatrische Erkrankungen eine erhöhte Dichte von DA-2-Rezeptoren und folgerten daraus, daß eine erhöhte DA-2-Rezeptordichte in Zusammenhang mit der Pathogenese der Schizophrenie stehen müsse.

Da NL jedoch ebenfalls zu einer Erhöhung der DA-Rezeptorzahl führen (Burt et al. 1977) und letztlich eine neuroleptische Vorbehandlung meist nicht definitiv ausgeschlossen werden kann, dürfen diese Ergebnisse nicht vorbehaltlos zum Beweis der Dopaminhypothese angeführt werden.

Zuverlässigere Befunde als bei Post-mortem-Untersuchungen liefern dagegen *In-vivo*-Studien mit der *Positronenemissionstomographie*. Wong und Mitarbeiter (1986) fanden im Nucleus caudatus bei zwei Gruppen von schizophrenen

Patienten mit NL-Vorbehandlung bzw. Patienten, die noch niemals neuroleptisch therapiert wurden, im Vergleich zu gesunden Kontrollen eine signifikant erhöhte DA-2-Rezeptordichte.

Zusammengefaßt weisen diese Befunde auf eine *funktionelle Überaktivität dopaminerger Rezeptoren bei schizophrenen Patienten* hin. Eine Funktionsstörung im Sinne einer vermehrten DA-Synthese bzw. einer metabolischen Störung ließ sich dagegen nicht nachweisen (Ackenheil et al. 1978; Leonidovich 1986).

Allerdings können diese Ergebnisse noch keine Aussagen zur Ätiologie der Schizophrenie liefern. So lassen einige Befunde an der Allgemeingültigkeit der Dopaminhypothese der Schizophrenie zweifeln.

1. Nur ca. 70 - 80% der an einer Schizophrenie erkrankten Patienten sprechen gut auf eine NL-Therapie an (Kane u. John 1989).

2. Besonders bei schizophrenen Patienten mit psychopathologisch im Vordergrund stehender Antriebsverarmung, Affektverflachung und autistischem Rückzug ist der Behandlungserfolg mit NL vielfach unzureichend. Crow (1982) faßte dies als "Negativsymptomatik" zusammen und stellte ihr die sogenannte "Positivsymptomatik" mit formalen Denkstörungen, Wahn und Halluzinationen gegenüber. Die "Positivsymptomatik" wurde von ihm als "Typ-I-Syndrom" klassifiziert und findet sich vor allem bei akuten Schizophrenien. Sie spricht meist gut auf eine Behandlung mit NL an und ist reversibel. Dagegen ist das "Typ-II-Syndrom", das durch die "Negativsymptomatik" charakterisiert ist, neuroleptisch schlecht beeinflußbar, häufig irreversibel und führt zu einem zunehmenden intellektuellen Abbau.

Ätiologisch wurde für das "Typ-I-Syndrom" eine gesteigerte Aktivität von DA-2-Rezeptoren angenommen, für das "Typ-II-Syndrom" dagegen ein hirnatrophischer Prozeß. In der Praxis finden sich häufig Anteile beider Syndrome gleichzeitig.

3. NL wirken auch bei produktiv psychotischer Symptomatik nichtschizophrener Genese.

4. Ca. 20 - 30% der schizophrenen Patienten entwickeln auch *unter* einer rezidivprophylaktischen Behandlung mit antidopaminerg wirksamen Substanzen ein Rezidiv (Müller 1983).

Obwohl kaum Zweifel über die zentrale Bedeutung der DA-Rezeptorblockade im Hinblick auf die antipsychotische Wirkung von NL bestehen, ist die Frage nach der klinischen Relevanz der Blockade anderer Transmittersysteme durch diese Substanzen noch weitgehend unbeantwortet. Abgesehen von den substituierten Benzamidderivaten, die das DA-System relativ selektiv hemmen, zeigen alle anderen NL unterschiedliche pharmakologische Effekte auf serotonerge, noradrenerge (NA), histaminerge oder cholinerge Rezeptoren. So blockieren z.B. NL wie Clozapin und Chlorpromazin ausgeprägt das serotonerge System (Delini-Stula 1986) ohne klinisch weniger effektiv zu sein.

Diese Ergebnisse verdeutlichen, daß eine thematische Zentrierung der biologisch-psychiatrischen Schizophrenieforschung auf DA-Systeme der Komplexität der schizophrenen Erkrankung mit unterschiedlicher Symptomausgestaltung und einem breiten Spektrum von Krankheitsverläufen nicht ausreichend gerecht wird und zu einer frühzeitigen Einengung der Forschungsperspektive führt.

1.3 Topographische Anordnung und Funktion noradrenerger Neurone

Klinische und experimentelle Befunde weisen auch auf eine wichtige Rolle des noradrenergen Systems hin.

Die noradrenergen Bahnen nehmen ihren Ursprung von Zellen der Bereiche A_1, A_2, A_5, A_6 und A_7, wobei deszendierende und aszendierende noradrenerge Systeme voneinander unterschieden werden (Dahlström und Fuxe 1965). In neurophysiologischen Untersuchungen konnte gezeigt werden, daß noradrenerge Neurone der Pons und möglicherweise auch der Medulla oblongata für die tonische Aktivierung des Kortex wichtig sind (Jones et al. 1973). Die dorsalen noradrenergen Verbindungen vom Locus coeruleus zum Kortex und Hippocampus, die ventralen Bahnen von der Formatio reticularis zum Hypothalamus und die ventralen Verbindungen des limbischen Systems spielen eine bedeutende Rolle in der Wahrnehmungsverarbeitung und Handlungsmotivation (Crow 1973).

Verschiedene Befunde psychophysiologischer Experimente lassen bei schizophrenen Patienten Dysfunktionen im limbischen System vermuten, die zu einer Zunahme der unspezifischen Aktivierung führen können und damit zumindest allgemein Störungen der Aufmerksamkeit, des Affektes und der Wahrnehmung erklären ließen (Venables 1975; Spring et al. 1977).

1.4 Die Noradrenalinhypothese der Schizophrenie

Der pharmakologische Befund, daß NL und Amphetamine nicht nur auf das DA- sondern auch auf das NA-System einwirken, führte zu umfangreichen Untersuchungen.

So weisen Befunde im Plasma und im Liquor cerebrospinalis sowie Autopsieuntersuchungen auf eine erhöhte noradrenerge Aktivität bei schizophrenen Patienten hin.

Ackenheil et al. (1979) fanden bei 11 akuten, unbehandelten schizophrenen Patienten mit überwiegend paranoid-halluzinatorischer Symptomatik erhöhte NA-Plasmakonzentrationen im Vergleich zu gesunden Probanden.

Kemali et al. (1982) untersuchten 37 paranoide und 9 hebephrene bzw. 27 akute und 19 chronische schizophrene Patienten. Eindeutig erhöhte NA-Plasmawerte wurden bei den paranoid und akut Erkrankten gemessen. Die Patienten waren mindestens 15 Tage unbehandelt.

Zu ähnlichen Ergebnissen führten die Untersuchungen von Bondy et al. (1984) an 5 unbehandelten hebephrenen und 20 paranoiden schizophrenen Patienten. Letztere zeigten gegenüber gesunden Kontrollen und hebephrenen Patienten signifikant erhöhte NA-Plasmakonzentrationen.

Bei paranoiden schizophrenen Patienten (n = 14), die mindestens 14 Tage neuroleptisch unbehandelt waren, wurden im Liquor cerebrospinalis ebenfalls erhöhte NA-Konzentrationen festgestellt (Lake et al. 1980).

Gleiche Ergebnisse ermittelten Kemali et al. (1982) bei unbehandelten paranoiden schizophrenen Patienten. Dagegen wurden bei Urinuntersuchungen keine Unterschiede zwischen schizophrenen Patienten und gesunden Kontrollen beobachtet (Kemali et al. 1982; Überblick: Kleinman et al. 1985).

In mehreren Post-mortem-Untersuchungen wurden erhöhte NA-Konzentrationen im Gehirn paranoider schizophrener Patienten nachgewiesen (Carlsson 1979; Farley et al. 1978; Kleinman et al. 1985). Erhöhte Werte fanden sich im Nucleus accumbens, einer Region mit engen Verbindungen zum limbischen System (Farley et al. 1978; Kleinman et al. 1985).

Unzureichende Informationen über Art, Dosis und Zeitdauer einer neuroleptischen Vorbehandlung der Patienten schränken jedoch insgesamt die Gültigkeit dieser Post-mortem-Studien ein.

Alle aufgeführten Befunde weisen auf eine wichtige Rolle des NA-Systems bei paranoiden schizophrenen Patienten hin. Einschränkend muß allerdings eingeräumt werden, daß verschiedene Autoren im Liquor cerebrospinalis (Gattaz et al. 1983) und im Hirngewebe (Bird et al. 1979; Winblad et al. 1979) keine signifikanten Unterschiede zu Kontrollen beobachten konnten.

Erhöhte Blutdruckwerte wurden bei paranoiden schizophrenen Patienten (van Valkenburg et al. 1984) nicht beobachtet.

Auf Hypothesen über Veränderungen in anderen Neurotransmittersystemen, insbesondere im Serotonin- und Gamma-Aminobuttersäuresystem (GABA) sowie im Bereich der Neuropeptide kann im Rahmen dieser Arbeit nicht detailliert eingegangen werden (siehe dazu Überblick: Leonidovich 1986).

Zusammengefaßt zählen in erster Linie die Untersuchungen, die zur Formulierung der Dopamin- und auch der Noradrenalinhypothese führten - wenn auch mit Einschränkungen - zu den wichtigsten Konzepten der biologisch-psychiatrischen Schizophrenieforschung der vergangenen Jahrzehnte, wobei eine strenge Differenzierung beider Hypothesen aufgrund der engen Wechselwirkung zwischen diesen Systemen vielfach nicht möglich erscheint.

1.5 Regulation der Wachstumshormon- (STH-) und Prolaktin- (PRL-) Sekretion

Die Sekretion des Wachstumshormons (Somatotropes Hormon, STH) vom Hypophysenvorderlappen wird durch den stimulierenden Einfluß eines STH-releasing-Hormons (STH-RH) und der hemmenden Wirkung eines STH-inhibiting-Hormons, dem Somatostatin reguliert. Diese werden von hypothalamischen Neuronen gebildet und sezerniert. Ihr Transport erfolgt mit Hilfe des Portalvenenkreislaufs von der Eminentia mediana zum Hypophysenvorderlappen (Terry 1984). Sie werden in ihrer Funktion unter anderem von biogenen Aminen wie NA, Serotonin und DA beeinflußt (Martin et al. 1977).

Die gegensätzlichen Effekte von STH-RH und Somatostatin werden vermutlich über eine unterschiedliche Beeinflussung der STH-Zelladenylatzyklase vermittelt, die von STH-RH stimuliert und von Somatostatin gehemmt wird (Quabbe 1986).

Dopaminerge Neurone sollen dabei die Freisetzung von Somatostatin hemmen (Fuxe et al. 1985). *Dopamin-agonistische Substanzen* wie L-Dopa, die Vorstufe von NA und DA (Boyd et al. 1970), Apomorphin (Lal et al. 1973), Bromocriptin (Camanni et al. 1975), Lergotril (Thorner et al. 1978) und Amphetamin (Brown und Williams 1976) führen beim Menschen zu einer STH-Freisetzung und ermöglichen damit eine im Serum meßbare Aussage über den Funktionszustand dieser DA-Rezeptoren.

Noradrenalinagonisten wie Amphetamin, Methoxamin und Phenylepinephrin (Imura et al. 1971) sowie vor allem der Alpha-2-Rezeptoragonist Clonidin (Lal et al. 1975) induzieren ebenfalls eine STH-Freisetzung.

Untersuchungen mit *serotoninagonistischen* Substanzen wie L-Tryptophan (MacIndoe und Turkington 1973) und Fenfluramin (Quattrone et al. 1983) zeigen, daß auch serotonerge Neurone die STH-Sekretion stimulieren.

Von *Gamma-Aminobuttersäure* wurden sowohl stimulierende als auch hemmende Einflüsse auf die STH-Sekretion nachgewiesen (Überblick: Quabbe 1986). GABA-Metaboliten und GABA-Agonisten, wie Muscimol (Tamminga et al. 1978) und Baclofen (Koulu et al. 1979), führen zu einer vermehrten STH-Sekretion.

Andererseits wurde in tierexperimentellen Untersuchungen an Ratten eine verminderte STH-Freisetzung nach Erhöhung der GABA-Konzentration durch die Gabe eines GABA-Transaminasehemmers nachgewiesen, bzw. ein STH-Anstieg nach Hemmung der GABA-Synthese beobachtet (MacCann et al. 1984).

Inwieweit dabei Einflüsse unterschiedlicher GABA-Dosierungen, bzw. verschiedener Applikationszeiten eine Rolle spielen, bedarf noch weiterer Klärung (Quabbe 1986).

Ebenso ist noch unklar, ob histaminerge und cholinerge Neuronen die STH-Sekretion beeinflussen (Checkley et al. 1981; Quabbe 1986).

Die STH-Sekretion wird auch durch unterschiedliche Streßreize stimuliert (von Werder 1975; Überblick: Rose 1984). Darauf kann in dieser Arbeit im einzelnen nicht eingegangen werden.

Die *PRL-Sekretion* unterliegt einer tonisch-inhibitorischen dopaminergen Kontrolle durch den Hypothalamus, wobei DA seine hemmende Wirkung über die Aktivierung von DA-2-Rezeptoren an PRL sezernierenden Zellen ausübt (Fuxe et al. 1985). Durch DA-Agonisten wie L-Dopa (Kleinberg et al. 1971), Bromocriptin (Del Pozo et al. 1972) und Apomorphin (Martin et al. 1974) wird demzufolge die PRL-Sekretion gehemmt.

Im Gegensatz dazu induzieren die DA-antagonistischen NL eine vermehrte PRL-Sekretion (Langer et al. 1977).

In den nun folgenden zwei Abschnitten werden neuroendokrinologische Unter-suchungsergebnisse nach Stimulation mit Apomorphin und Clonidin bei psychiatrischen Patienten dargestellt. Die wissenschaftliche Begründung für die Gabe von DA-Agonisten wie Apomorphin, Amphetamin oder L-Dopa bzw. von alphaadrenergen Agonisten wie Clonidin liegt damit in der Überprüfung der Hypothese, daß eine veränderte DA- bzw. alphaadrenerge Rezeptorempfind-lichkeit bei schizophrenen Patienten zu einer gesteigerten oder verminderten STH-Sekretion nach Stimulation mit den jeweiligen Agonisten führt.

1.6 Apomorphintest

Apomorphin besitzt nur mehr eine geringe pharmakologische Ähnlichkeit zu Morphin, jedoch strukturelle Ähnlichkeiten zu DA (Ernst 1967).

Apomorphin unterliegt bei oraler Gabe einer raschen First pass-Metabolisie-rung durch die Leber und zeigt damit eine geringe orale Bioverfügbarkeit (Baldessarini et al. 1981) und muß deshalb parenteral appliziert werden.

Im Gegensatz zu DA penetriert Apomorphin bei parenteraler Gabe leicht die Blut-Hirn-Schranke (Corsini et al. 1981) und zeigt im Tierversuch bei Ratten dosisabhängige pharmakologische Effekte. Höhere Dosen (über 0.1 mg/kg s.c.) induzieren Bewegungsstereotypien und Überaktivität durch Stimulation postsyn-aptischer dopaminerger Rezeptoren im nigrostriären System. Niedrige Dosen (kleiner als 0.05 mg/kg s.c.) bewirken inhibitorische Effekte wie Sedierung, die einer präsynaptischen dopaminergen Autorezeptorstimulation zugeschrieben werden (Kebabian und Calne 1979).

Es wird vermutet, daß Apomorphin DA-2-Rezeptoren stimuliert, da seine pharmakologischen Wirkungen nach Vorbehandlung mit DA-2-Rezeptoren-blockern wie Sulpirid und Metoclopramid gehemmt werden (Corsini et al. 1981). Apomorphin wird klinisch in Dosierungen zwischen 5 bis 10 mg subkutan (s.c.) als Emetikum verwendet.

1.6.1 Ergebnisse bei schizophrenen Patienten und gesunden Kontrollen

Als DA-Agonist führt Apomorphin zu einer *vermehrten Sekretion von STH* und zu einer *verminderten Sekretion von PRL*. Ausgehend von der Dopaminhypothese der Schizophrenie, die eine funktionelle Überaktivität dopaminerger Systeme postuliert, wären bei schizophrenen Patienten eine gegenüber Kontrollen gesteigerte STH- und reduzierte PRL-Freisetzung zu erwarten. Die Basalwerte von STH und PRL vor Stimulation mit Apomorphin zeigten in einer Vielzahl von Untersuchungen im Vergleich zu Kontrollen keine Unterschiede (Überblick: Meltzer 1984). Domperidon, ein peripherer DA-Inhibitor, blockiert nur teilweise die STH-Sekretion nach Apomorphin (Brown et al. 1982). Die Gabe von Carbidopa, einem peripheren Decarboxylasehemmer, führt zu einem PRL-Anstieg (Brown et al. 1976). Aus diesen Ergebnissen läßt sich folgern, daß die DA-Rezeptoren, die das PRL-System kontrollieren, peripher liegen, während jene DA-Rezeptoren, die an der Regulation der STH-Sekretion beteiligt sind, sowohl peripher als auch zentral vorhanden sind.

Wie aus Tabelle 1 ersichtlich, konnten die meisten Studien bezüglich der stimulierten STH-Sekretion nicht zwischen chronisch schizophrenen Patienten und gesunden Kontrollen differenzieren. Allerdings fanden Rotrosen et al. (1979) eine bimodale Verteilung der stimulierten STH-Sekretion mit hohen und niedrigen Werten bei chronisch schizophrenen Patienten. Im Gegensatz dazu wurde von vier Autorengruppen eine gesteigerte STH-Freisetzung nach Apomorphin bei unbehandelten akuten schizophrenen Patienten beschrieben (Pandey et al. 1977; Ackenheil et al. 1983; Cleghorn et al. 1983 und Zemlan et al. 1986). Cleghorn et al. (1983) stimulierten schizophrene Patienten mit drei unterschiedlichen Apomorphindosierungen und beobachteten bereits nach Gabe einer sehr niedrigen Dosis von 0.0014 mg/kg/Körpergewicht (KG) einen gegenüber gesunden Kontrollen signifikanten STH-Anstieg.

Zwei Untersucher fanden signifikante positive Korrelationen zwischen der Höhe der STH-Sekretion und der produktiv psychotischen Symptomatik (Meltzer et al. 1984; Zemlan et al. 1986).

Vier Arbeitsgruppen untersuchten, ob der Apomorphintest womöglich eine Prädiktorfunktion im Hinblick auf die klinische Effizienz einer antipsychotischen Behandlung mit NL besitzt. Die Ergebnisse sind jedoch insgesamt widersprüchlich.

Während Rotrosen et al. (1976) eine "ungewöhnlich hohe STH-Sekretion" nach Apomorphinstimulation bei jenen akut exazerbierten chronisch schizophrenen Patienten beobachteten, die auf eine nachfolgende NL-Therapie schlecht ansprachen, berichteten Garver et al. (1984) und Zemlan et al. (1986) über einen positiven Zusammenhang zwischen der Höhe der stimulierten STH-Sekretion vor Beginn der Behandlung und der durch NL erzielten klinischen Besserung. Meltzer et al. (1981) fanden eine signifikante negative Korrelation zwischen der STH-Sekretion nach Apomorphin und dem Schweregrad der psychotischen

Tabelle 1. STH-Stimulation nach Apomorphingabe bei schizophrenen Patienten und Kontrollen

Autoren	Jahr	Dosis (mg s.c.)	Patienten (Diagnose RDC)	Kontrollen	Ergebnis
Rotrosen et al.	1976	0.5	10 chron. Schizophrene	7 gesunde Kontrollen	Kein Gruppenunterschied
Ettigi et al.	1976	0.75	17 chron. Schizophrene	12 gesunde Kontrollen 9 Alkoholiker	STH-Sekretion geringer bei Schizophrenen
Tamminga et.al.	1977	0.75	9 chron. Schizophrene	11 gesunde Kontrollen	Kein Gruppenunterschied
Pandey et al.	1977	0.75	9 akute Schizophrene 8 chron. Schizophrene	8 gesunde Kontrollen	STH-Sekretion erhöht bei akuten Schizophrenen
Rotrosen et al.	1978 a)	0.5	22 chron. Schizophrene	9 gesunde Kontrollen	Kein Gruppenunterschied
Rotrosen et al.	1978 b)	0.5	26 chron. Schizophrene	21 gesunde Kontrollen	Kein Gruppenunterschied
Meltzer et al.	1981	0.75	13 chron. Schizophrene 5 akute Schizophrene	15 gesunde Kontrollen	Kein Gruppenunterschied
Ackenheil et al.	1983	0.5	15 chron. Schizophrene 10 akute Schizophrene	14 gesunde Kontrollen	STH-Sekretion erhöht bei akuten Pat. im Vergl. zu Kontrollen
Cleghorn et al.	1983	0.10 / 0.25/ 0.75 mg*	10 Schizophrene	14 gesunde Kontrollen	STH-Sekretion erhöht bei Pat. mit "Plussymptomatik"
Ferrier et al.	1984	0.75	15 chron. Schizophrene 15 akute Schizophrene	10 gesunde Kontrollen	STH-Sekretion erhöht bei chron. Schizophrenen
Meltzer et al.	1984	0.75	23 chron. Schizophrene 9 akute Schizophrene	16 gesunde Kontrollen	Kein Gruppenunterschied
Zemlan et al.	1986	0.75	36 chron. Schizophrene 14 subchron. Schizophrene 12 akute Schizophrene	10 gesunde Kontrollen	STH-Sekretion erhöht bei akuten Schizophrenien

* Dosierungen auf 70 kg Körpergewicht bezogen.

Tabelle 2. STH-Stimulation nach Apomorphingabe bei depressiven Patienten und Kontrollen

Autoren	Jahr	Dosis (mg s.c.)	Patienten (Diagnose RDC)	Kontrollen	Ergebnis
Frazer	1975	0.75	"Major depression"	gesunde Kontrollen	Kein Gruppenunterschied
Casper et al.	1977	0.75	"Major depression"	gesunde Kontrollen	Kein Gruppenunterschied
Maany et.al.	1979	0.75	"Major depression"	gesunde Kontrollen	Kein Gruppenunterschied
Meltzer et al.	1984	0.75	"Major depression"	gesunde Kontrollen	Kein Gruppenunterschied
Jimerson et al.	1984	0.75	"Major depression"	gesunde Kontrollen	Kein Gruppenunterschied
Ansseau et al.	1984	0.5	"Major depression"	--	Verminderte Sekretion bei 42% der Patienten
Corn et al.	1984	0.005 (mg/kg/KG)	Endogen depressive Patienten	--	Kein Unterschied zu vergleichbaren gesunden Kontrollen aus anderen Studien
Ansseau et al.	1987	0.5	"Major depression" Manie	"Minor depression"	Geringere Sekretion bei Patienten mit "Major depression" und Manie

RDC Research Diagnostic Criteria (Spitzer et al. 1982).

Symptomatik bei Entlassung und folgerten aus diesen Ergebnissen eine Prädiktorfunktion des Apomorphintests.

Auch die *PRL-Sekretion nach Apomorphin* zeigte keine konsistenten Ergebnisse. Ettigi et al. (1976) stellten z.B. keine Unterschiede zwischen schizophrenen Patienten und Kontrollen fest.

1.6.2 Ergebnisse bei anderen psychiatrischen Erkrankungen

Im Gegensatz zu den Befunden bei schizophrenen Patienten ließen sich bei depressiven, manischen und schizoaffektiven Patienten gegenüber Kontrollen keine veränderten STH-Stimulationseffekte nach Apomorphingabe ermitteln (Frazer 1975; Casper et al. 1977; Maany et al. 1979; Jimerson et al. 1984; Meltzer et al. 1984; Ansseau et al. 1984; Corn et al. 1984; Ansseau et al. 1987; Tabelle 2).

1.6.3 Apomorphin in der Therapie schizophrener Patienten

Apomorphin wurde seit Ende des vergangenen Jahrhunderts zur Therapie verschiedener psychiatrischer und neurologischer Erkrankungen eingesetzt (Überblick: Neumeyer et al. 1981).

Wie bereits erwähnt, wirken niedere Dosen von DA-Agonisten wie Apomorphin primär auf den präsynaptischen Anteil der Synapse. Man stellt sich vor, daß diese Agonisten die Freisetzung von DA reduzieren. Verschiedene Untersucher berichteten über eine deutliche Besserung der psychotischen Symptomatik - allerdings nur bei einzelnen Patienten - nach zusätzlicher Gabe von niederdosiertem Apomorphin (Davis et al. 1981; Tamminga et al. 1981) zu der bisher klinisch nicht zufriedenstellenden NL-Medikation. Der sedative Effekt von Apomorphin wirkte sich in der Behandlung erregter schizophrener und manischer Patienten günstig aus (Bleuler 1911).

Darüber hinaus wurden positive Effekte bei der Behandlung von extrapyramidalmotorischen Erkrankungen wie dem Morbus Parkinson und der Chorea Huntington sowie bei gastrointestinalen Störungen beschrieben (Neumeyer et al. 1981).

Zusammengefaßt unterstreichen diese Befunde die Bedeutung neuroendokrinologischer Untersuchungen bei der Überprüfung dopaminerger Funktionen bei schizophrenen Patienten. Die Mehrzahl der Untersucher fand eine höhere STH-Sekretion nach Apomorphinstimulation bei akuten schizophrenen Patienten als Ausdruck einer erhöhten dopaminergen Rezeptorempfindlichkeit in diesem System.

Eine andere Möglichkeit katecholaminerge, d.h. dopaminerge und noradrenerge Funktionen zu untersuchen, liegt in der Applikation von metabolischen Vorstufen.

1.7 L-DOPA-Test

L-DOPA ist die Vorstufe der drei Katecholamine DA, NA und Adrenalin (A).

Boyd et al. (1970) konnten nachweisen, daß L-DOPA zu einer signifikanten STH-Stimulation führt, während Kleinberg et al. (1971) einen Abfall von PRL im Serum beim Menschen beschrieben. Der PRL-Effekt ist wahrscheinlich in erster Linie auf eine dopaminerge Stimulation zurückzuführen (Tuomisto und Männistö 1985).

Im Gegensatz dazu wird die STH-Sekretion nach L-DOPA überwiegend durch alphaadrenerge Rezeptorstimulation erklärt, da dieser Stimulationseffekt lediglich durch Alpharezeptorenblocker wie Phentolamin gehemmt wird (Martin 1973), nicht dagegen durch DA-Rezeptorenblocker wie Pimozid (Collu et al. 1975). Aber auch serotonerge Neurone werden nach L-DOPA-Gabe beeinflußt (Chalmers et al. 1971).

Tamminga et al. (1977) berichteten bei 7 von 9 unbehandelten chronisch schizophrenen Patienten, zum Teil mit Spätdyskinesien, nach oraler Gabe von 500 mg L-DOPA über eine signifikant erniedrigte STH-Sekretion, die nur bei 2 von 11 gesunden Kontrollen beobachtet wurde. Dies würde vermutlich auf eine verminderte alphaadrenerge Rezeptorempfindlichkeit bei diesen Patienten hinweisen.

Dieser Befund ließ sich aber von Brambilla et al. (1979) bei 10 chronisch schizophrenen, unbehandelten Patienten nach 500 mg L-DOPA per os (p.o.) plus 100 mg Carbidopa bei normalen STH-Stimulationseffekten nicht bestätigen.

Rotrosen et al. (1978 b) untersuchten die STH-Sekretion bei 17 akut exazerbierten chronisch schizophrenen Patienten und 10 gesunden Kontrollen nach Gabe von 500 mg L-DOPA p.o. und zu einem anderen Zeitpunkt (mindestens 2 Tage Unterschied) nach 0.5 mg Apomorphin s.c. Die PRL-Sekretion zeigte nach beiden Substanzen eine signifikante Suppression, dagegen wurde eine inverse Beziehung zwischen der STH-Sekretion nach L-DOPA und Apomorphin beschrieben. Während die mittleren STH-Maximalwerte nach beiden Substanzen keine Unterschiede zwischen schizophrenen Patienten und Kontrollen zeigten, ließ sich eine signifikant unterschiedliche bimodale Verteilung der STH-Maximalwerte nach Apomorphin bei schizophrenen Patienten nachweisen.

Die Autoren folgerten aus diesen Ergebnissen unterschiedliche Wechselwirkungen an dopaminergen Synapsen, d.h. Patienten mit einer gesteigerten STH-Sekretion nach Apomorphin, die auf eine erhöhte postsynaptische Empfindlichkeit dopaminerger Rezeptoren schließen läßt, würden kompensatorisch im Sinne einer neuen Homöostaseeinstellung eine verminderte präsynaptische Aktivität entwickeln, wie die reduzierte STH-Sekretion nach L-DOPA zeigt.

Studien mit L-DOPA bei depressiven Patienten ergaben kein einheitliches Bild. Obwohl bei einzelnen Patientengruppen unterschiedliche STH-Stimulationsergebnisse gefunden wurden, weist doch die Mehrzahl der Untersuchungen darauf hin, daß zwischen den einzelnen Patientengruppen und gesunden Kontrollen nach L-DOPA keine wesentlich unterschiedliche STH-Stimulation vorliegt (Überblick: Matussek 1988).

Diese Befunde zeigen, daß L-DOPA, ein metabolischer Vorläufer in der DA- bzw. NA-Synthese und damit ein *indirekter* katecholaminerger Agonist, im Vergleich zu Untersuchungen mit dem *direkten* DA-Agonisten Apomorphin zu wesentlich weniger schlüssigen Ergebnissen führt.

Eine weitere Möglichkeit, katecholaminerge Systeme präsynaptisch zu beeinflussen, bietet die Stimulation mit Amphetamin.

1.8 Amphetamintest

Amphetamin setzt DA und NA aus den präsynaptischen Nervenendigungen frei (Fuxe und Ungerstedt 1970), und hemmt die Wiederaufnahme dieser Amine (Glowinsky und Axelrod 1965). Verschiedene Autoren berichteten, daß kleine Dosen von Amphetamin psychotische Symptome bei schizophrenen Patienten provozieren bzw. intensivieren (Janowsky und Davis 1976) und diese Symptomatik auch bei nicht psychiatrisch kranken Patienten (Snyder 1972) auslösen können.

Langer et al. (1977) untersuchten als einzige Gruppe die STH-Sekretion bei 21 gesunden Kontrollen, 17 depressiven Patienten (endogen und reaktiv depressive Patienten) und 5 akut paranoiden sowie 3 chronisch schizophrenen Patienten nach intravenöser (i.v.) Gabe von Amphetaminsulfat (0.1 mg/kg). Die stimulierten STH-Sekretionsmaxima waren bei den 9 endogen depressiven Patienten signifikant erniedrigt und bei den 7 reaktiv depressiven Patienten signifikant gegenüber den gesunden Kontrollen erhöht, während sich die Werte bei den schizophrenen Patienten von den Probanden nicht wesentlich unterschieden.

Im Gegensatz dazu wurden mehrere Untersuchungen von STH nach Amphetaminstimulation bei depressiven Patienten durchgeführt (Überblick: Matussek 1988), wobei einige Autoren verminderte Stimulationseffekte bei depressiven Patienten berichteten. Die Interpretation dieser Ergebnisse wird allerdings durch die Miteinbeziehung von Postmenopausefrauen in die Studien erschwert, da diese vermindert STH stimulieren (Matussek et al. 1984).

Eine aussagekräftige Interpretation der STH-Stimulation nach Amphetamin bei schizophrenen Patienten ist aufgrund der geringen Fallzahlen nicht möglich. Da jedoch Amphetamin - analog zu L-DOPA - indirekt auf die STH-Sekretion einwirkt und gleichzeitig sowohl dopaminerge als auch noradrenerge Systeme stimuliert werden, ist die Aussagekraft dieses Tests bezüglich der unterschiedlichen Beeinflussung dieser beiden Neurotransmitter ohnehin eingeschränkt.

1.9 Clonidintest

Da viele Befunde bestätigen, daß sowohl dopaminerge als auch noradrenerge Systeme in die Pathophysiologie der Schizophrenie involviert sind, kommt der Stimulation des STH durch einen alphaadrenergen Rezeptoragonisten wie Clonidin eine besondere Bedeutung zu. Clonidinhydrochlorid ist eine antihypertensiv wirkende Substanz, die sowohl prä- als auch postsynaptisch vor allem auf Alpha-2-Rezeptoren wirkt (Überblick: Kobinger 1979).

Nach dem heutigen Kenntnisstand ist anzunehmen, daß die STH-Stimulation nach Clonidin über postsynaptische Alpha-2-Adrenozeptoren gesteuert wird, da Alpha-2-Antagonisten, wie Piperoxan oder Yohimbin, vollständig die STH-Stimulation nach Clonidin im Tierversuch blockieren (McWilliam und Meldrum 1983), während Prazosin, ein Alpha-1-Rezeptorblocker, nicht inhibierend wirkt (Krulich et al. 1982). Darüber hinaus beeinflußt Clonidin - allerdings in wesentlich geringerem Umfang - den Serotoninstoffwechsel (Anden et al. 1970), cholinerge Funktionen (May et al. 1975) und das DA-System (Anden et al. 1970).

1.9.1 Ergebnisse bei schizophrenen Patienten und gesunden Kontrollen

Zur Überprüfung der Empfindlichkeit postsynaptischer Alpha-2-Rezeptoren untersuchten Matussek et al. (1980) bei 32 gesunden Probanden, 10 endogen depressiven und 12 neurotisch depressiven Patienten, 8 schizoaffektiven sowie 10 unbehandelten schizophrenen Patienten (Schizophrenia simplex n=2, Hebephrenie n=1, Katatonie n=1, paranoide Schizophrenie n=4, paranoide Psychose n=1 und Residualschizophrenie n=1) die STH-Sekretion nach Stimulation mit 0.15 mg Clonidin i.v., und konnten vereinzelt bei schizophrenen Patienten eine hohe STH-Sekretion zeigen, jedoch keine signifikanten Unterschiede. Die STH-Sekretion nach Clonidin war dagegen bei endogen Depressiven gegenüber den anderen Stichproben signifikant reduziert.

Lal et al. (1983) beobachteten bei 13 männlichen, unbehandelten, chronisch schizophrenen Patienten im Vergleich zu 18 gesunden Kontrollen nach Stimulation mit der gleichen Dosis Clonidin keine wesentlichen Unterschiede in der STH-Sekretion.

Beide Studien zeigen eine häufig normale alphaadrenerge Rezeptorfunktion im hypothalamohypophysären System bei den untersuchten schizophrenen Patienten. Aufgrund der beträchtlichen Heterogenität der schizophrenen Patienten bezüglich der diagnostischen Untergruppen, der insgesamt relativ geringen Fallzahlen sowie neuerer Befunde mit verminderten Alpha-2-Rezeptorzahlen an Thrombozyten von unbehandelten (mindestens 2 Wochen) chronisch schizophrenen Patienten (Rice et al. 1984), erscheint eine weitere neuroendokrinologische Untersuchung dieser Patienten notwendig.

1.9.2 Ergebnisse bei anderen psychiatrischen Erkrankungen

Wie hilfreich und wichtig neuroendokrinologische Untersuchungen bei psychiatrischen Patienten sein können, zeigen die Befunde von Matussek (1988) bei
endogen depressiven Patienten, die auch von anderen Autoren repliziert wurden.
Die STH-Sekretion nach Clonidin war bei diesen Patienten sowohl während der
Erkrankungsphase als auch im freien Intervall gegenüber gesunden Kontrollen
reduziert, was auf eine verminderte Alpha-2-Rezeptorempfindlichkeit bei diesen
Patienten hinweist, die keine Abhängigkeit zum Krankheitsverlauf zeigt und
damit möglicherweise ein sogenannte "Vulnerabilitätsmarker" sein könnte.
   Allerdings ist der Clonidintest in seiner Aussage nicht für Patienten mit einer
endogenen Depression spezifisch. So wurde auch bei Patienten mit einer schizoaffektiven Erkrankung (Matussek et al. 1980), mit einer Zwangssymptomatik
(Siever et al. 1983) oder Panikerkrankung (Uhde et al. 1986), d.h. letztlich aber
bei psychiatrischen Erkrankungen, die häufig auch bei depressiven Patienten
beobachtet werden, eine verminderte STH-Sekretion nach Clonidingabe berichtet. Als besonders wichtig wird der Befund interpretiert, daß auch unbehandelte
manische Patienten, ähnlich wie Patienten mit einer "major depression", im Vergleich zu "minor depressive" Patienten (RDC-Diagnostik, Spitzer et al. 1982)
eine signifikant reduzierte STH-Stimulation zeigen (Ansseau et al. 1987). Dies
würde auf eine Störung der Alpha-2-Rezeptorempfindlichkeit sowohl bei manischen als auch endogen depressiven Patienten hinweisen.

1.9.3 Clonidin in der Therapie schizophrener Patienten

   Von der Vorstellung ausgehend, daß Clonidin - ähnlich wie Apomorphin bei
DA-Rezeptoren - durch präsynaptische Alpha-2-Rezeptorenstimulation über eine
negative Rückkoppelung zu einer verminderten NA-Freisetzung führen könnte
und damit günstig die schizophrene Symptomatik beeinflussen würde, wurden
Behandlungsversuche bei diesen Patienten mit Clonidin durchgeführt.
   Freedman et al. (1982) fanden in einer doppelblind durchgeführten Untersu-
chung bei allerdings nur 7 schizophrenen Patienten mit Placebo, Clonidin
(0.9 mg p.o.) und dem NL Trifluoperazin klinische Besserungen sowohl unter
Clonidin als auch unter Trifluoperazin.
   Sugerman (1967) untersuchte in einer offenen Prüfung bei 12 chronisch schi-
zophrenen Patienten die Wirkung einer p.o. Therapie von Clonidin in einer
Dosierung von 0.3 - 1.2 mg pro Tag, konnte aber lediglich einen sedierenden,
jedoch nicht antipsychotischen, Effekt beobachten.
   Im Gegensatz zu Freedman et al. (1982) berichteten Jimerson et al. (1980) bei
2 akut exazerbierten schizophrenen sowie 1 schizoaffektiven Patienten bei einer
Clonidinbehandlung mit einer Tagesdosis zwischen 0.2 und 1.4 mg eine
Steigerung der Feindseligkeit und Unruhe.

Diese - allerdings widersprüchlichen - Befunde lassen zumindest eine psychotrope Wirkung von Clonidin vermuten. Die Aussagefähigkeit dieser Untersuchungen ist aber aufgrund der sehr geringen Patientenzahlen, der zum Teil nicht kontrolliert durchgeführten Studien sowie der erheblichen hypotonen Kreislaufwirkung und damit einer Einschränkung der Dosierungsmöglichkeiten, deutlich reduziert.

Im *ersten Teil* der Einleitung wurde die wissenschaftliche und klinische Relevanz neuroendokrinologischer Untersuchungen nach Stimulation mit dopaminergen und alphaadrenergen Rezeptoragonisten bei schizophrenen Patienten beschrieben. Da antipsychotisch wirksame Substanzen wie NL dopaminerge und alphaadrenerge Rezeptoren blockieren, ist die Beantwortung der Frage nach neuroendokrinologischen Veränderungen unter einer NL-Therapie, bzw. deren Beziehung zur antipsychotischen Wirkung von besonderem Interesse. Deshalb werden in dem nun folgenden *zweiten Teil* der Einleitung die wichtigsten Befunde neuroendokrinologischer Untersuchungen nach kurzzeitiger und langfristiger neuroleptischer Behandlung beschrieben.

1.10 Wirkungen von Neuroleptika auf den PRL-Serumspiegel und auf die STH-Sekretion nach Stimulation mit Apomorphin

Die akute DA-Rezeptorblockade durch NL im tuberoinfundibulären System induziert einen Anstieg der PRL-Serumspiegel (Meltzer et al. 1981), die während einer dreiwöchigen Behandlungsdauer unverändert bleiben und nach einer fünftägigen Absetzperiode wieder signifikant abfallen (Ackenheil 1981). Im allgemeinen wurde nach akuter NL-Therapie ein PRL-Serumanstieg um 200 - 300% des Ausgangswertes beobachtet (Davis et al. 1984).

Im Gegensatz dazu finden sich in der Literatur widersprüchliche Ergebnisse im Hinblick auf die Beziehung zwischen PRL-Serumspiegeln und psychopathologischen Veränderungen unter NL-Behandlung (Überblick: Davis et al. 1984), wobei die Aussagefähigkeit der meisten Studien durch unterschiedliche und im Behandlungsverlauf variierende NL-Dosen geschmälert wird.

Wode-Helgodt et al. (1978) berichteten in einer Studie mit fixen Dosen von Chlorpromazin (200, 400 und 600 mg täglich) bei männlichen Patienten über eine positive Korrelation zwischen klinischer Besserung und dem PRL-Serumspiegel nach vier Wochen.

Sedvall (1979) fand dagegen, daß Clozapin bei guter antipsychotischer Wirkung (600 mg Tagesdosis) PRL im Serum und Liquor cerebrospinalis nicht wesentlich veränderte. Auch die Untersuchungen mit Sulpirid sprechen gegen enge Beziehungen zwischen PRL-Serumspiegeln und psychopathologischen Veränderungen, da Sulpirid bereits bei relativ geringen Dosen PRL im Serum deutlich erhöht, ohne dabei klinisch relevant antipsychotisch zu wirken (Mancini et al. 1976).

Andere Autoren vermuteten aufgrund ihrer Untersuchungen einen sogenannten "ceiling effect" in der Beziehung PRL NL-Dosis (Gruen et al. 1978), d.h. bei niedriger Dosierung liegt eine lineare Beziehung vor, bei weiterer Dosiserhöhung zeigt sich lediglich ein unbedeutender PRL-Anstieg.

Diese Befunde ermöglichen keine einheitliche Schlußfolgerung. Die Mehrzahl der Studien zeigt jedoch, daß der PRL-Serumspiegel bei einer Kurzzeitbehandlung mit NL keine sicheren Zusammenhänge zur klinischen Wirkung dieser Substanzen erkennen läßt.

Eine dreiwöchige Behandlung mit Haloperidol (12 schizophrene Patienten, durchschnittliche tägliche Dosis: 31.9 ± 15.4 mg) führte zu einer nahezu vollständigen STH-Suppression nach Apomorphingabe im Vergleich zu ausgeprägten Stimulationseffekten vor Behandlung und war nach einer fünftägigen Absetzphase weiterhin, wenn auch weniger ausgeprägt als unter Therapie, vermindert (Nedopil et al. 1984), während der Apomorphineffekt auf PRL unbedeutend war. Signifikante Zusammenhänge mit psychopathologischen Veränderungen ließen sich weder für PRL noch für STH ermitteln. Die gleiche Arbeitsgruppe konnte auch nachweisen, daß eine dreiwöchige Therapie mit Penfluridol (Dosierung: Tag 1-2: 40 mg, Tag 3-7: 20 mg, Tag 8-21: 15 mg) zu einer vollständigen STH-Suppression nach Apomorphinstimulation ohne bedeutende Zusammenhänge zum klinischen Verlauf führt.

Ähnliche Befunde einer STH-Suppression nach Apomorphinstimulation werden auch von anderen Untersuchern berichtet (Mueller et al. 1976; Rotrosen et al. 1976).

Diese Befunde machen deutlich, daß die STH-Sekretion nach Apomorphingabe über DA-Rezeptoren reguliert wird, da eine Blockade dieser Systeme durch NL zu einer STH-Suppression nach Stimulation mit dem DA-Agonisten Apomorphin führt.

Unter einer langfristigen Behandlung mit NL wurden im Gegensatz zu den einheitlichen Befunden nach einer Kurzzeittherapie unterschiedliche PRL-Serumspiegel berichtet. In zwei Studien wurden bei ca. 50% der Patienten (männliche Stichproben) nach einer zweijährigen Therapie normale PRL-Serumspiegel beschrieben (Aratö et al. 1979; Martin-Du-Pan und Baumann 1979).

Ähnliche Ergebnisse wurden in einem Literaturüberblick über 291 Patienten unter einer NL-Langzeittherapie beschrieben (Davis et al. 1984). 147 Patienten zeigten normale PRL-Serumspiegel. Diese Ergebnisse weisen auf eine Toleranzentwicklung nach einer Langzeit-NL-Therapie bei ca. 50% der untersuchten Patienten hin, wobei allerdings keine eindeutige Aussage über den Zeitpunkt der Entwicklung der Toleranz möglich ist.

Im Gegensatz zu Untersuchungen nach einer NL-Kurzzeittherapie liegen keine Ergebnisse über Stimulationsuntersuchungen mit Apomorphin im hypothalamohypophysären Bereich vor, die Aufschluß darüber geben könnten, ob eine langjährige Behandlung auch in diesem Bereich zu Adaptationseffekten führt.

1.11 Wirkungen von Neuroleptika auf Noradrenalinplasma-spiegel und auf die STH-Sekretion nach Stimulation mit Clonidin

Die präsynaptische Blockade alphaadrenerger Rezeptoren durch NL induziert über einen negativen Rückkoppelungsmechanismus eine Aktivierung präsynaptischer noradrenerger Neurone mit einer Zunahme des NA-Stoffwechsels. So wurden nach Kurzzeitbehandlung mit Clozapin, einer ausgeprägt Alpharezeptoren blockierenden Substanz, erhöhte NA-Plasmaspiegel gefunden (Sarafoff et al. 1979).

Analog zu den Ergebnissen der PRL-Serumspiegel nach NL-Langzeitbehandlung werden in der Literatur auch im noradrenergen System widersprüchliche Befunde beschrieben. Während Gomes et al. (1980) und Zander et al. (1981) auch nach langjähriger NL-Behandlung erhöhte NA-Plasmaspiegel fanden, berichteten Sternberg et al. (1981) über signifikant erniedrigte NA-Spiegel im Liquor cerebrospinalis nach chronischer Behandlung mit dem NL Pimozid.

Zusammengefaßt deuten diese Ergebnisse auf eine alphaadrenolytische Wirkung der NL hin, die auch nach langjähriger Behandlung noch nachweisbar sein kann und keine eindeutigen Beziehungen zur Psychopathologie zeigt.

Eine akute Behandlung mit Haloperidol verändert nicht die STH-Sekretion nach Stimulation mit Clonidin (Ackenheil et al. 1983).

Analoge Ergebnisse über eine Langzeitbehandlung liegen nicht vor.

1.12 Zusammenfassung und Fragestellung

In der Einleitung wurde die Bedeutung dopaminerger und noradrenerger Systeme in der Pathophysiologie schizophrener Erkrankungen dargestellt. Unterschiedliche Untersuchungsstrategien wie psychophysiologische Experimente, Rezeptorbindungsstudien, Konzentrationsmessungen von DA und NA sowie Untersuchungen mit der Positronenemissionstomographie (PET) weisen auf eine funktionelle Überaktivität dopaminerger und zum Teil auch noradrenerger Rezeptoren vor allem bei schizophrenen Patienten mit paranoid-halluzinatorischer Symptomatik hin. Insbesondere den dopaminergen aber auch noradrenergen Systemen wird eine wichtige Rolle bei der Wahrnehmungsintegration und emotionalen Bewertung innerer und äußerer Reize zugeschrieben. Topographisch werden im Zentralnervensystem verschiedene dopaminerge und noradrenerge Strukturen unterschieden. Wenn auch in erster Linie eine Störung in mesokortikalen bzw. mesolimbischen Systemen wahrscheinlich ist, so muß dies nicht zwangsläufig auch auf den primären Ort der Dysfunktion in diesen Bereichen hinweisen. So wäre nämlich auch denkbar, daß eine Funktionsstörung z.B.

auf nigrostriärer Ebene, wie in PET-Untersuchungen nachgewiesen werden konnte, erst sekundär auf die oben genannten Bereiche übergreift.

Dies wäre aber ebenso auch für Dysfunktionen im hypothalamohypophysären System möglich, die mit Hilfe neuroendokrinologischer Untersuchungsmethoden überprüfbar sind, wobei besonders der Regulation des Wachstumshormons über dopaminerge und alphaadrenerge Rezeptoren bzw. des PRL über dopaminerge Rezeptoren eine zentrale Bedeutung zukommt. So ermöglicht die periphere Messung des STH nach Stimulation mit dopaminergen bzw. alphaadrenergen Agonisten eine Aussage über den Funktionszustand zerebraler dopaminerger und alphaadrenerger Rezeptoren und läßt sich damit als *extrazerebraler Indikator für intrazerebrale Prozesse*, die uns nicht direkt zugänglich sind, verwenden.

Neuroendokrinologische Untersuchungen in der Literatur weisen auf Störungen in diesen Systemen bei schizophrenen Patienten hin. Allerdings zeigen viele Studien zum Teil erhebliche methodische Mängel und lassen verschiedene wichtige Fragen unbeantwortet.

Zum Beispiel wurden lediglich einmalige Querschnittuntersuchungen ohne Überprüfung der Reproduzierbarkeit der Ergebnisse, der Krankheitsdauer und der diagnostischen Untergruppen durchgeführt, bzw. Einflüsse des Alters, des Geschlechts und Gewichts nicht ausreichend berücksichtigt. Deshalb sollen in der vorliegenden Arbeit folgende Fragen beantwortet werden:

1. Finden sich Beziehungen zwischen psychopathologischen und
   neuroendokrinologischen Veränderungen bei schizophrenen
   Patienten nach Stimulation mit dem DA-Agonisten Apomorphin?

   Inwieweit sind diese Ergebnisse reproduzierbar?

   Welche Rolle spielen Einflüsse der Zeitdauer der Erkrankung
   und der diagnostischen Untergruppen?

   Ist eine Prädiktion des Therapieerfolges einer NL-Behandlung
   mit Hilfe neuroendokrinologischer Untersuchungen möglich?

2. Zeigen schizophrene Patienten eine unterschiedliche alphaadrenerge
   Rezeptorempfindlichkeit nach Stimulation mit dem Agonisten Clonidin
   im Vergleich zu gesunden Kontrollen?

3. Welchen Einfluß üben NL in der Langzeitbehandlung auf endokrine
   Systeme aus?

Mit Hilfe dieser Untersuchungen sollen damit einerseits die Bedeutung neuroendokrinologischer Testverfahren in der biologisch-psychiatrischen Schizophrenieforschung überprüft und andererseits der Wirkungsmechanismus bzw. die Folgen einer neuroleptischen Langzeittherapie auf endokrine Systeme untersucht werden.

2 Methodik

2.1 Allgemeine Beschreibung der Untersuchungen

Die Untersuchungen wurden von 1980 bis 1986 an der Psychiatrischen Klinik der Universität München und am Bezirkskrankenhaus Regensburg durchgeführt.

Die Probanden und Patienten wurden ausführlich über den Zweck der Untersuchung aufgeklärt. Voraussetzung für die Aufnahme in die jeweiligen Studien war das informierte Einverständnis entsprechend der Deklaration von Helsinki/Tokio (1976). Vor Beginn der neuroendokrinologischen Untersuchungen wurden Probanden und Patienten internistisch (einschließlich EKG) und neurologisch abgeklärt. Die laborchemische Untersuchung umfaßte Gesamtblutbild, GOT, GPT, Serumelektrolyte, Serumkreatinin, Blutzucker und Urinstatus. Bei pathologischen Befunden erfolgte der Ausschluß von der Studie. Von den Probanden wurde vor Beginn der Studie eine mindestens vierwöchige Medikamentenabstinenz und zweitägige Alkoholkarenz gefordert.

Alle Patienten befanden sich in stationärer Behandlung. Das Alter lag zwischen 18 und 64 Jahren. Es bestand kein Hinweis auf eine neurologische, endokrine oder andere Erkrankung, das Körpergewicht war auf weniger als 10% über dem Idealgewicht begrenzt.

Um störende Östrogeneinflüsse auf die STH- bzw. PRL-Sekretion zu vermeiden (Matussek et al. 1984), bzw. um möglichst konstante experimentelle Randbedingungen bei Wiederholungsuntersuchungen zu ermöglichen, wurden mit Ausnahme von einer Studie nur Männer untersucht. Beim Vergleich neuroleptischer Dosierungen unterschiedlicher Präparate wurde in Chlorpromazineinheiten (CPE) umgerechnet (Davis und Cole 1975).

Die im folgenden nach ICD-9 (1980) angegebenen Diagnosen sind nicht die Aufnahme-, sondern die Abschlußdiagnosen der Patienten bei Entlassung.

2.2 Apomorphintest

Alle Untersuchungen wurden nüchtern (Nahrungskarenz begann nach dem Abendessen am Vorabend und endete mit Abschluß der Untersuchung) und liegend morgens zwischen 8 Uhr und 11 Uhr unter Grundumsatzbedingungen durchgeführt. Bei Untersuchungsbeginn wurde ein venöser Zugang (Intrakubitalkatheter) gelegt, der während der Untersuchung mit physiologischer Kochsalzlösung offengehalten wurde.

Der Blutdruck (RR) wurde - meist automatisch - nach Riva Rocci gemessen, ebenso wurde die Herzfrequenz (HF) zu allen Blutabnahmezeitpunkten dokumentiert sowie die subjektive Befindlichkeit notiert.

60 bzw. bei verschiedenen Studien 30 Minuten nach Untersuchungsbeginn wurde Apomorphin s.c. appliziert. Blut wurde zum Zeitpunkt -60 (bzw. -30), -30 und 0 sowie nach Gabe von Apomorphin in 15minütigen Abständen über 90 bzw. 120 Minuten entnommen. Bei jeder Blutabnahme wurde STH und Glukose, bzw. bei einzelnen Untersuchungen auch NA und A (t_0) und PRL bestimmt. Alle Blutproben wurden während der Verarbeitung kühl gelagert und bei -60°C eingefroren.

Die Oxydation der Katecholamine wurde durch reduziertes Glutathion verhindert.

2.3 Clonidintest

Der Testablauf entspricht im wesentlichen dem des Apomorphintests (t_{-60} bis t_{120} min). Bei t_0 wurde über einen Zeitraum von 10 Minuten 0.15 mg Clonidin in 10 ml physiologischer Kochsalzlösung verabreicht.

2.4 Psychopathologie

Die psychopathologische Dokumentation erfolgte durch die Brief Psychiatric Rating Scale (BPRS), die mit 18 Einzelmerkmalen eine Gesamtpunktezahl sowie die folgenden fünf Merkmalsuntergruppen angibt: Angst/Depression, Anergie, Denkstörungen, Aktivierung sowie Feindseligkeit/Mißtrauen (Overall und Gorham 1976). Darüber hinaus wurden die AMP-Skala (Arbeitsgemeinschaft für Methodik und Dokumentation in der Psychiatrie 1972) und in einer Untersuchung die CGI-Skala (Clinical Global Impressions, 1976) verwendet.

2.5 Extrapyramidalmotorische Symptomatik

Der extrapyramidalmotorische Befund wurde nach den Untersuchungsskalen von Webster (1968) und Heinrich et al. (1968) erhoben.

2.6 Methodik der Bestimmungen von Wachstumshormon, Prolaktin, Noradrenalin, Adrenalin und Blutzucker

Der quantitative Nachweis von STH wurde radioimmunologisch durchgeführt (CIS Human Growth Hormone Radioimmunoassay).
Reproduzierbarkeit:
intra   7,6 %
inter   1,1%

PRL wurde ebenfalls radioimmunologisch bestimmt
(CIS Prolactin Radioimmunoassay).
Reproduzierbarkeit:
intra   3,0%
inter   5,1%
Bei der Auswertung wurden STH-Werte (t_0) unter 5 ng/ml als Basalwerte angesehen (von Werder 1975).

Die normale PRL-Konzentration beträgt beim Mann unter 400 µU/ml (Biosigma 1982).

Die Katecholamine NA und A wurden mit Hochdruckflüssigkeits-chromatographie (HPLC) und elektrochemischem Detektor, modifiziert nach Ackenheil et al. (1982), bestimmt.
Als Normplasmaspiegel für NA und A wurden folgende Werte bei 200 Probanden beschrieben (Ackenheil et al. 1982):
NA: 210 ± 40 pg/ml (150 - 300 pg/ml)
  A: 60 ± 30 pg/ml (10 - 70 pg/ml)
Reproduzierbarkeit:
intra   4 %
inter   10 %
Die Glukoseserumspiegel wurden enzymatisch mit der Glukoseoxydase- (GOD-) period-Methode (Fa. Boehringer, Mannheim) bestimmt.

2.7 Statistische Auswertung

Die Untersuchungsergebnisse werden für STH, PRL, NA und A getrennt dargestellt. Die Einzelwertverläufe wurden für STH als Fläche unter der Kurve
(area under the curve = AUC) nach der Simpson-Methode (Bronstein und
Semendjajew 1970) bestimmt. Die Berechnungen basieren im allgemeinen auf
einem Zeitraum von t_0 bis t_{120} min. Bei akut schizophrenen Patienten konnte bei
einigen Untersuchungen lediglich eine Zeitdauer von t_0 bis t_{90} min wegen zunehmender Unruhe der Patienten berücksichtigt werden. Diese Ergebnisse
werden statistisch mit den STH-Sekretionsergebnissen von Probanden mit analo-
ger Zeitdauer verglichen. Die PRL-Sekretion wurde als Differenzwert zwischen
t_0 und dem tiefsten Wert nach Apomorphingabe (Dif) ermittelt. Vergleiche zwischen unterschiedlichen Dosierungen bzw. unterschiedlichen Meßzeitpunkten
wurden mit dem Friedmantest bzw. bei 2 Stichproben mit dem Wilcoxon-Vor-
zeichentest gerechnet. Unabhängige Gruppenvergleiche erfolgten je nach Stich-
probenumfang und nach Normalverteilungsüberprüfung mit dem Student's-t-Test
bzw. dem U-Test nach Mann und Whitney. Das Signifikanzniveau wurde im
allgemeinen auf 5% festgelegt.

3 Einfluß von Apomorphin auf die Wachstumshormon- (STH-) und Prolaktin- (PRL-) Sekretion bei gesunden Probanden und schizophrenen Patienten

In dem nun folgenden Kapitel werden die Ergebnisse der apomorphininduzierten STH- und PRL-Sekretion bei schizophrenen Patienten und gesunden Probanden im einzelnen referiert und diskutiert.

3.1 STH-Sekretion nach verschiedenen Dosen von Apomorphin

Das *Ziel* der Untersuchung lag in der Beantwortung der Frage, ob schizophrene Patienten mit produktiv psychotischer Symptomatik im Vergleich zu gesunden Probanden eine erniedrigte Schwellenempfindlichkeit der die STH- und PRL-Sekretion steuernden DA-Rezeptoren zeigen.

Patienten: In die Untersuchung wurden 16 männliche schizophrene Patienten mit einem paranoid-halluzinatorischen Syndrom (Durchschnittsalter 30.6 ± 8.1 Jahre, 22 bis 47) aufgenommen. 9 Patienten waren neuroleptisch nie vorbehandelt, die restlichen 7 mindestens 5 Wochen vor der Untersuchung frei von Psychopharmaka. Keiner der Patienten war mit einem Depot-NL vorbehandelt.

Probanden: Als Vergleichsstichprobe wurden 12 gesunde, medikamentenfreie, männliche Probanden (Durchschnittsalter 29 ± 3.2 Jahre, 23 bis 35) ohne Alkoholanamnese untersucht.

Zur Überprüfung des Einflusses einer unterschiedlichen Apomorphindosierung auf die STH- und PRL-Sekretion wurde randomisiert bei Probanden im Abstand von 5 bis 7 Tagen Placebo (Methyl-4-hydroxybenzoat 0,12% als Lösungsmittel von Apomorphin) bzw. Apomorphin s.c. in folgenden Dosierungen verabreicht:

1. Dosis A: 0.003 mg/kg/Körpergewicht (KG),
2. Dosis B: 0.006 mg/kg/KG,
3. Dosis C: 0.012 mg/kg/KG.

Die Überprüfung des Einflusses einer unterschiedlichen Apomorphindosis erfolgte bei Patienten analog wie bei den Probanden, jedoch im Abstand von 1 - 2

Tagen. Auf eine Kontrolluntersuchung mit Placebo, bzw. auf längere Unter-
suchungsintervalle, wurde im Hinblick auf die Behandlungsbedürftigkeit der
Patienten verzichtet.

Tabelle 3. Signifikante Unterschiede der STH-Sekretion zwischen Placebo (P) und
den Apomorphindosierungen A, B und C an den verschiedenen Meßzeitpunkten
(t_{30} bis t_{105} min)

t_{min}	t_{30}	t_{45}	t_{60}	t_{75}	t_{90}	t_{105}
C - P: p	0.002	0.002	0.003	0.0005	0.0005	0.003
C - A: p	0.03	0.001	0.0005	0.001	0.01	n.s.
C - B: p	0.003	0.004	0.009	0.001	0.003	0.002

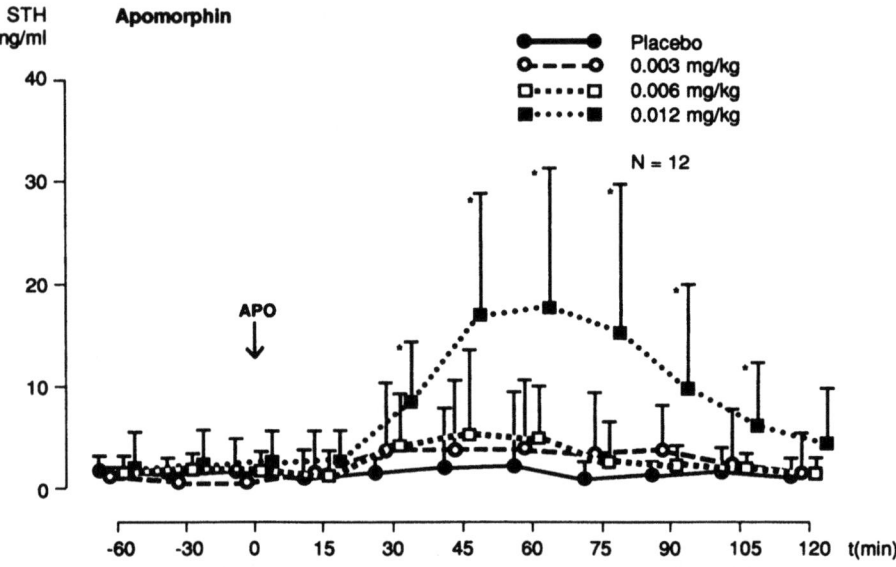

Abb. 1. STH (ng/ml)-Mittelwertverläufe bei 12 gesunden, männlichen Probanden nach
Gabe von Placebo und den Apomorphindosen A, B und C

3.1.1 Probanden

Im ersten Auswertungsschritt wurde der *mittlere Verlauf* der STH-Sekretion (AUC) nach Gabe von Placebo und den drei unterschiedlichen Apomorphindosierungen über einen Zeitraum t_{60} bis t_{120} min nach Applikation von Apomorphin berechnet (Abb.1).

Dabei zeigte sich ein deutlicher *dosisabhängiger* STH-Stimulationseffekt (Tabelle 3).

In dieser Berechnung wurden auch jene Probanden berücksichtigt, die zum Zeitpunkt t_0 einen STH-Sekretionseffekt > 5 ng/ml zeigten. In den weiteren Auswertungsschritten werden diese Probanden mit erhöhten Basalwerten nicht mehr weiter berücksichtigt.

Da bei schizophrenen Patienten mit produktiv psychotischer Symptomatik im allgemeinen eine Gesamtuntersuchungsdauer von 3 Stunden nicht durchführbar war, werden im folgenden die Sekretionsergebnisse zwischen dem Zeitpunkt t_0 und t_{90} min referiert.

Die weitere Auswertung der STH-Sekretion erfolgte mit jenen 9 Probanden, die an allen 4 Untersuchungstagen (Placebo, Dosis A, B und C) basale STH-Werte (t_0) < 5 ng/ml zeigten und damit intra- und interindividuell über die Gesamtuntersuchungen in ihren Stimulationseffekten vergleichbar waren.

Auf die Sekretionsergebnisse der drei *"vorstimulierten"* Probanden wird in Tabelle 11 eingegangen.

Tabelle 4 gibt einen Überblick über die STH-Mittelwertverläufe pro Abnahmezeitpunkt.

Tabelle 4. STH-Mittelwertverläufe (ng/ml) pro Abnahmezeitpunkt bei 9 gesunden Probanden nach Stimulation mit Placebo sowie den Apomorphindosen A, B und C

Anzahl	Dosis	$t_{(min)}$	-30	0	15	30	45	60	75	90
9	P	x	0.6	0.2	0.2	0.4	0.3	0.2	0.2	0.2
		s	1.1	0.1	0.1	0.3	0.1	0.1	0.1	0.1
9	A	x	0.2	0.3	0.7	1.4	1.5	1.6	1.2	1.5
		s	0.1	0.2	1.1	2.7	2.5	2.2	1.4	2.4
9	B	x	0.3	0.3	0.3	1.1	2.6	3.0	2.1	1.1
		s	0.1	0.1	0.1	2.2	4.9	5.6	3.6	1.8
9	C	x	0.2	0.3	0.8	7.1	14.3	13.9	10.7	6.2
		s	0.1	0.1	1.5	5.4	7.6	6.8	5.3	3.7

A = 0.003   B = 0.006   C = 0.012 mg/kg/KG s.c.

Die *mittleren AUC* von STH nehmen mit steigender Dosierung (Tabelle 5) zu und zeigen signifikante Gruppenunterschiede (Friedman-2-Wege-Varianzanalyse p = 0.008) zwischen den Apomorphindosierungen

A	und C	(p = 0.0017),
B	und C	(p = 0.0072),
Placebo	und C	(p = 0.004).

Tabelle 5. STH-Sekretion bei 9 gesunden Probanden nach Stimulation mit Placebo (P), und den Apomorphindosen A, B und C

Anzahl	Dosierung	mittlere STH-AUC ng/ml x 90 min		Friedman-Rangsummentest Rangsumme		
9	P	24 ±12	13	A-P = 9	
9	A	109 ±147	22	A-B = 2	A-C = 12
9	B	150 ±253	20	B-C = 15	B-P = 7
9	C	753 ±376	35	C-P = 22	

Friedman-Test: 16.87; p = 0.0008, Kendall Koeffizient: 0.624
A = 0.003 B = 0.006 C = 0.012 mg/kg/KG s.c.

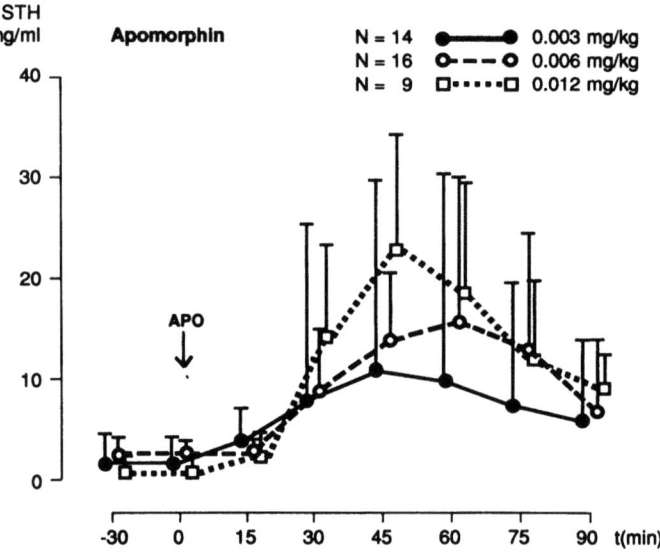

Abb. 2. STH (ng/ml)-Mittelwertverläufe bei männlichen, schizophrenen Patienten mit produktiv psychotischer Symptomatik nach Stimulation mit den Apomorphindosen A, B und C

3.1.2 Schizophrene Patienten mit produktiv psychotischer Symptomatik

In Abb. 2 sind die *STH-Mittelwertverläufe* der Patienten zu den jeweiligen Meßzeitpunkten dargestellt.

Zur Berechnung der STH-Sekretion nach Stimulation mit den Apomorphindosierungen A, B und C konnten von den insgesamt 16 untersuchten schizophrenen Patienten analog wie bei den Probanden ebenfalls nur jene 9 Patienten ausgewertet werden, deren STH-Ausgangswerte (t_0) < 5 ng/ml lagen, bzw. bei denen aufgrund der psychotischen Symptomatik kein vorzeitiger Testabbruch erforderlich war (zu den Stimulationsergebnissen bei STH (t_0)-Werten > 5 ng/ml siehe Tabelle 11).

In Tabelle 6 sind die STH-*Mittelwertverläufe* pro Abnahmezeitpunkt aufgelistet. Die *mittleren AUC* der STH-Sekretion nehmen mit steigender Dosierung zu, jedoch finden sich hier im Gegensatz zu den Probanden keine signifikanten dosisabhängigen Unterschiede (Tabelle 7), da viele Patienten bereits bei Dosis A und B so hohe STH-Stimulationseffekte zeigen, wie sie bei Probanden erst nach Gabe von Dosis C sichtbar sind.

Tabelle 6. STH-Mittelwertverläufe (ng/ml) pro Abnahmezeitpunkt bei 9 schizophrenen Patienten mit produktiv psychotischer Symptomatik nach Stimulation mit den Apomorphindosen A, B und C

Anzahl	Dosis	$t_{(min)}$	-30	0	15	30	45	60	75	90
9	A	x	8	0.7	1.4	6.3	14.9	14.2	11.1	7.9
		s	1.0	1.1	2.03	16.2	22.9	19.0	14.0	10.1
9	B	x	0.8	0.4	0.5	7.0	13.1	14.3	11.1	6.4
		s	1.6	0.3	0.4	8.6	16.8	19.5	17.0	9.5
9	C	x	0.5	0.5	1.4	14.1	22.2	17.8	11.9	7.0
		s	0.6	0.9	2.2	8.4	12.9	12.2	9.1	5.4

A = 0.003   B = 0.006   C = 0.012 mg/kg/KG s.c.

Tabelle 7. STH-Sekretion bei 9 schizophrenen Patienten mit produktiv psychotischer Symptomatik nach Stimulation mit den Apomorphindosen A, B und C

Anzahl	Dosis	mittlere STH-AUC ng/ml x 90 min	Friedman-Rangsummentest Rangsumme	
9	A	854 ± 1206	16	A-B = 0
9	B	742 ± 56	16	B-C = 6
9	C	1067 ± 618	22	C-A = 6

Friedman-Test: 2.67; p = 0.26, Kendall-Koeffizient: 0.624

Tabelle 8. PRL-Mittelwertverläufe (µU/ml) pro Abnahmezeitpunkt bei 12 gesunden Probanden nach Gabe von Placebo sowie den Apomorphindosierungen A, B und C

Anzahl	Dosis	t(Min)	-60	-30	0	15	30	45	60	75	90	105	120	Dif
12	P	x̄	252	155	136	131	112	116	105	116	114	115	111	53
		s	151	108	95	100	84	88	73	76	69	80	79	32
12	A	x̄	309	200	171	192	139	127	121	111	114	121	111	99
		s	221	153	124	142	106	91	71	73	69	80	83	133
12	B	x̄	340	244	171	142	108	103	101	88	95	91	99	94
		s	198	130	90	92	76	63	63	61	43	58	53	45
12	C	x̄	277	119	159	139	124	92	89	65	83	76	79	102
		s	145	177	103	96	86	90	79	76	65	56	75	49

Dosis   P = Placebo   A = 0.003   B = 0.006   C = 0.012 mg/kg/KG s.c.
Dif t_0 - t Minimum nach Apomorphin

3.2 PRL-Sekretion nach verschiedenen Dosen von Apomorphin

3.2.1 Probanden

Zur Klärung der Frage, inwieweit Apomorphin als DA-Agonist zu einer dosis-
abhängigen Verminderung der PRL-Sekretion führt, wurde bei 12 Probanden die
Differenz (Dif) zwischen dem Basalwert (t_0) und dem niedrigsten Wert nach
Apomorphingabe berechnet.

Tabelle 8 gibt zunächst einen Überblick über die *PRL-Mittelwertverläufe* pro
Dosierung.

Vor Applikation von Placebo und den unterschiedlichen Apomorphindosierungen lagen die Werte der PRL-Sekretion bei allen Probanden mit einer Ausnahme
(Proband 2: 400 vs. 528 vs. 514 vs. 457 µU/ml) im Normbereich (< 400 µU/ml).
Sowohl nach Gabe von Placebo als auch nach Apomorphin fiel die PRL-Sekretion ab, wobei sich ein signifikanter Unterschied (Dif) nur zwischen Dosis C (98
± 44 µU/ml) und Placebo (51 ± 37 µU/ml) berechnen ließ (p = 0.002).

3.2.2 Schizophrene Patienten mit produktiv psychotischer Symptomatik

In Tabelle 9 sind die PRL-*Mittelwertverläufe* der Patienten zu den jeweiligen
Meßzeitpunkten dargestellt.

Zur Beantwortung der Frage, ob der DA-Agonist Apomorphin zu einer deutlichen dosisabhängigen Verminderung der PRL-Sekretion führt, wie das bei einer
erhöhten dopaminergen Aktivität in diesem System zu erwarten wäre, wurden
die Sekretionsergebnisse jener 9 unbehandelten Patienten analog zur STH-Sekre-
tionsbestimmung berechnet. Tabelle 10 gibt einen Überblick über die unterschiedlichen PRL-*Mittelwertverläufe* pro Meßzeitpunkt.

Vor Applikation von Apomorphin lagen die *Einzelwerte* bei allen Patienten
mit einer Ausnahme (Patient 5: 842 vs. 358 vs. 693 µU/ml) im Normbereich
(wie bei allen anderen Patienten lag hier keine neuroleptische Vorbehandlung in
den vergangenen Wochen vor).

Die PRL-Sekretion fiel mit steigender Apomorphindosis zunehmend ab,
jedoch ohne signifikante Gruppenunterschiede.

Tabelle 9. PRL-Mittelwertverläufe (µU/ml) pro Abnahmezeitpunkt bei schizophrenen Patienten mit produktiv psychotischer Symptomatik nach Gabe von Apomorphin (Dosis A, B und C)

Anzahl	Dosis	$t_{(min)}$	-30	0	15	30	45	60	75	90	Dif
14	A	x	273	214	168	130	114	110	122	108	123
		s	218	164	134	94	66	55	56	47	116
16	B	x	293	208	167	126	112	100	112	105	117
		s	133	94	58	41	37	38	38	32	81
9	C	x	430	298	243	199	150	119	135	96	202
		s	235	184	143	99	52	54	57	60	135

A = 0.003   B = 0.006   C = 0.012 mg/kg/KG s.c.

Dif = t_0-$t_{Minimum}$ nach Apomorphin

Tabelle 10. PRL-Mittelwertverläufe (µU/ml) pro Abnahmezeitpunkt bei 9 schizophrenen Patienten nach Gabe von Apomorphin (Dosis A, B und C)

Anzahl	Dosis	$t_{(min)}$	-30	0	15	30	45	60	75	90	Dif
9	A	x	295	247	194	146	118	118	126	119	143
		s	217	183	151	105	53	51	51	45	137
9	B	x	427	291	227	180	158	150	167	154	153
		s	400	229	174	156	160	144	172	141	111
9	C	x	393	261	218	183	148	113	130	90	177
		s	191	115	92	67	48	41	48	47	91

A = 0.003   B = 0.006   C = 0.012 mg/kg/KG s.c.

Dif = t_0-$t_{Minimum}$ nach Apomorphin

3.3 Vergleich der STH- und PRL-Sekretion nach Apomorphin zwischen Probanden und schizophrenen Patienten

STH-Sekretion: Bei mehreren Patienten waren *Untersuchungsabbrüche* (unabhängig von der Apomorphindosierung) wegen zunehmender psychotischer Symptomatik erforderlich, bzw. es lagen zu hohe STH-Ausgangswerte (t_0) vor (Tabelle 11). Nach Gabe von Dosis C lag in 10 von 11 Untersuchungen bei *Probanden* die STH-Sekretion höher als bei t_0.

Patienten stimulierten in 5 von 9 Untersuchungen - bei allerdings unterschiedlichen Apomorphindosierungen - im Vergleich zu t_0 höher STH (Tabelle 11).

In der nun folgenden Auswertung wird die jeweils *maximale Anzahl* von Patienten ($t_0 < 5$ ng/ml) mit der jeweils maximalen Anzahl von Probanden ($t_0 < 5$ ng/ml) *pro Dosierung* verglichen.

Signifikante Beziehungen zu den Katecholaminen NA und A sowie zur Herzfrequenz und Blutdruck liegen nicht vor.

Wie aus Tabelle 12 ersichtlich, zeigen schizophrene Patienten bei allen Apomorphindosierungen im *Mittelwertverlauf* eine höhere STH- AUC-Sekretion, die bei Dosis B hochsignifikant war ($p < 0.01$), bei Dosis A deutliche Unterschiede zu Probanden ergab ($p = 0.09$) und lediglich bei Dosis C nur geringgradig ausgeprägt war.

Dies zeigt sich auch in den unterschiedlichen STH-*Mittelwertverläufen* zwischen Probanden und Patienten (Abb. 3 - 5).

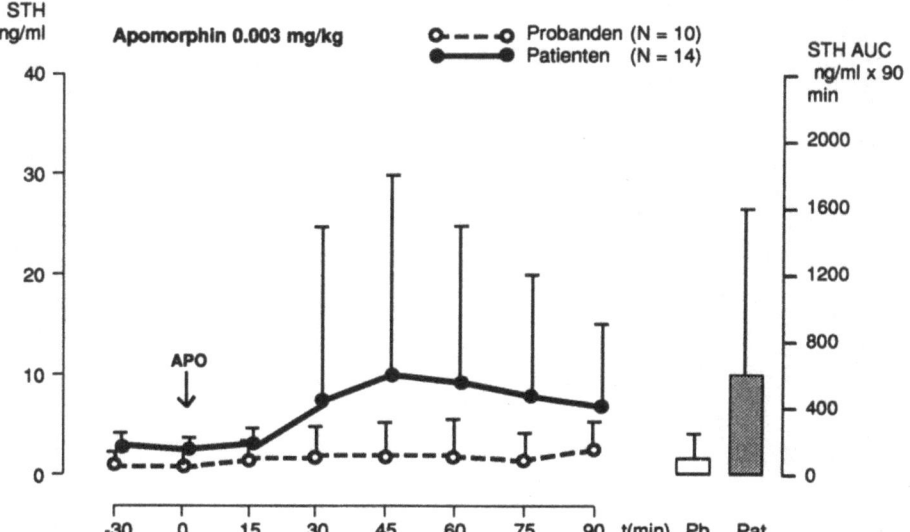

Abb.3. STH (ng/ml)-Mittelwertverläufe bei Probanden und schizophrenen Patienten nach Gabe von 0.003 mg/kg Apomorphin s.c.

Tabelle 11. Basale STH (ng/ml)-, PRL (µU/ml)-, NA (pg/ml)-, A (pg/ml)-Werte, Herzfrequenz HF (Schläge/min) und Blutdruck RR (mmHg) sowie maximale STH-Stimulationseffekte bei Probanden und Patienten mit STH (t_0) > 5 ng/ml

Nr.	Dosis	Geschlecht	Alter (Jahre)	STH bas	STH max	PRL bas	NA bas	A bas	HF bas	RR sys	RR dias	Diagnose (ICD-9)
I. Probanden												
1	C	m	34	11.18	14.91	140	236	43	52	95	60	
1	C	m	34	6.05	12.75	126	193	19	48	95	65	
2	C	m	31	6.24	15.44	89	280	34	70	120	65	
2	P	m	31	6.71	23.40	108	367	34	60	95	60	
2	C	m	31	6.95	13.27	142	410	37	61	115	65	
2	C	m	31	6.75	12.87	115	367	34	62	110	65	
2	C	m	31	10.31	15.70	136	278	19	58	100	65	
2	C	m	31	7.38	10.23	152	533	41	60	105	70	
3	C	m	30	6.50	14.13	163	204	23	55	110	60	
3	P	m	30	13.79	10.91	138	186	14	52	110	60	
3	C	m	30	9.32	18.11	127	143	12	53	105	60	
3	C	m	30	15.47	11.59	130	163	21	51	105	60	
4	C	m	26	7.12	12.19	38	192	19	68	95	65	
II. Schizophrene Patienten												
1	A	m	30	10.03	5.08	128	96	45	58	95	50	295.3
1	B	m	30	10.26	24.92	279	100	51	71	95	60	295.3
1	C	m	30	5.93	3.42	394	251	89	79	90	50	295.3
2	C	m	24	7.24	7.84	139	393	32	90	110	80	295.1
3	A	m	24	16.14	14.61	116	185	18	63	100	65	295.2
3	C	m	24	19.10	14.70	113	87	21	69	105	75	295.2
4	B	m	22	5.99	13.03	169	186	74	64	100	75	295.4
4	B	m	22	5.07	19.80	148	123	38	62	100	75	295.4
5	B	m	34	16.20	21.48	181	238	20	74	115	80	295.3

Dosis   P = Placebo   A = 0.003   B = 0.006   C = 0.012 mg/kg/KG Apomorphin s.c
Mehrmalige Stimulation mit einer Dosis (z.B. Proband 2:Dosis C) diente zur Überprüfung der Reproduzierbarkeit der Ergebnisse.

Tabelle 12. Vergleich der STH- und PRL-Sekretion zwischen der jeweils maximalen Anzahl von Probanden und Patienten pro Untersuchungstag nach Gabe von Apomorphin (Dosis A, B und C)

Dosis		Anzahl		Alter Jahre		PRL-bas. µU/ml		PRL-Dif. µU/ml		STH-bas. ng/ml		STH-AUC ng/mlx90min.	
		Prob.	Pat.	Prob.	Pat.	Prob.	Pat.	Prob.	Pat.	Prob.	Pat.	Prob.	Pat.
A	x	10	14	30	32.8	182.2	214.5	89.2	114.5	0.33	0.82	106.6	599.5
	s			3.4	8.2	130.6	164.2	65.7	116.5	0.19	1.15	139.2	1012.6
	p			n.s.		n.s.		n.s.		n.s.		n.s.	
B	x	11	16	30.4	30.4	173.7	208.3	90.7	117.9	0.83	0.66	206.4	869.1
	s			3.2	7.4	94.7	94.5	46.9	79.1	1.28	1.18	259.6	773.1
	p			n.s.		n.s.		n.s.		n.s.		p<0.01	
C	x	10	9	30	34.3	165.6	298.2	94.6	202	0.45	0.54	995.8	1067.2
	s			3.4	6.5	111.3	184.0	42.7	136.2	0.4	0.9	845.4	618.8
	p			n.s.		n.s.		n.s.		n.s.		n.s.	

Dosis A = 0.003 B = 0.006 C = 0.012 mg/kg/KG Apomorphin s.c.
Dif t_0 - tMinimum nach Apomorphin
p U-Test nach MANN und WHITNEY

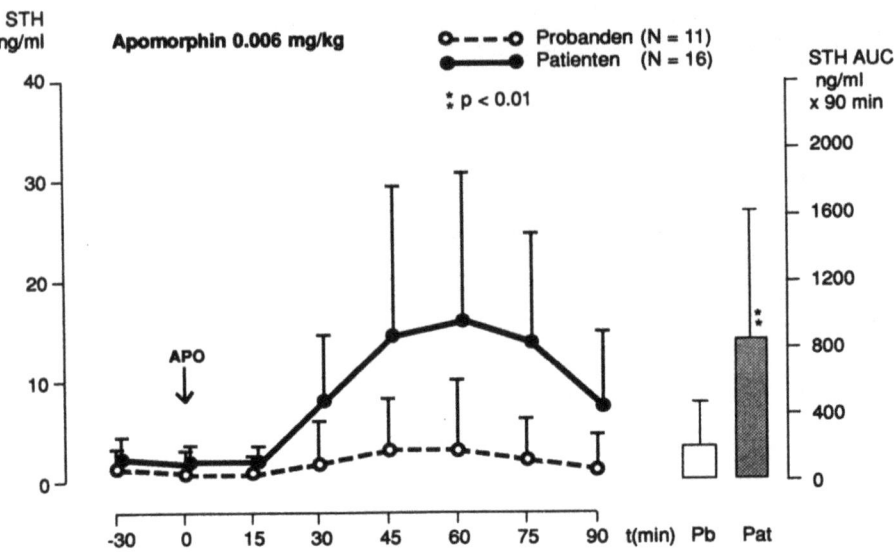

Abb.4. STH (ng/ml)-Mittelwertverläufe bei Probanden und schizophrenen Patienten nach Gabe von 0.006 mg/kg Apomorphin s.c.

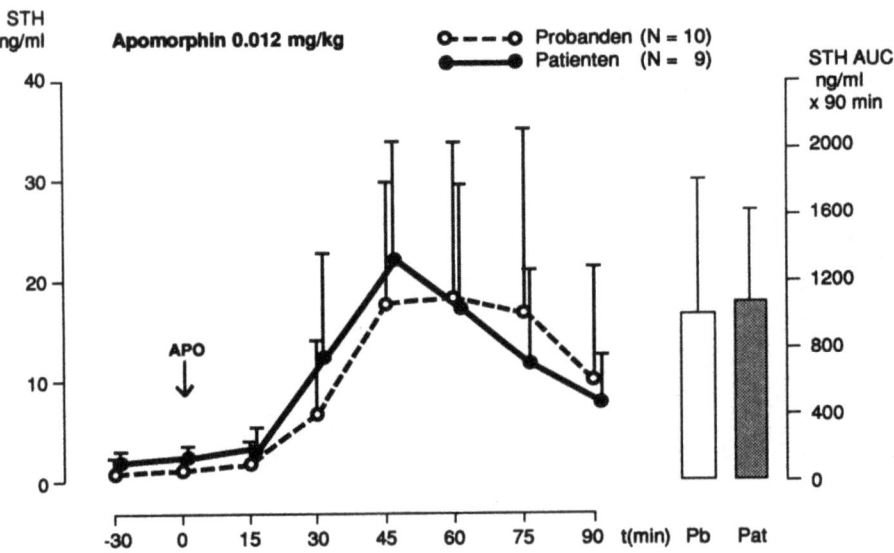

Abb.5. STH (ng/ml)-Mittelwertverläufe bei Probanden und schizophrenen Patienten nach Gabe von 0.012 mg/kg Apomorphin s.c.

STH AUC
ng/ml
x 90 min

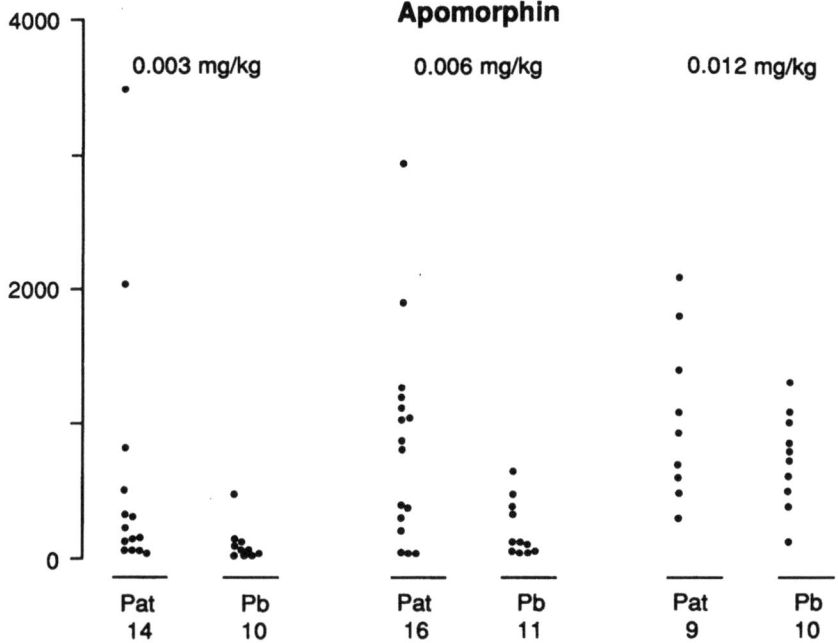

Abb. 6. STH-AUC (ng/ml x 90 min)-Einzelwertverläufe bei der jeweils maximalen Anzahl von Probanden und schizophrenen Patienten pro Untersuchungstag nach Stimulation mit Apomorphin (Dosis A,B und C).STH-AUC (Dosis B): Patienten vs. Probanden p< 0.01

Die Analyse der STH-AUC-Stimulationsergebnisse zeigt bei einzelnen schizophrenen Patienten ausgeprägt hohe Effekte nach Gabe niederer Dosen (A und B) von Apomorphin (Abb. 6). Die *maximale* STH-Sekretion lag bei Probanden und Patienten zwischen 30 und 60 Minuten nach Apomorphingabe *ohne* signifikante Gruppenunterschiede.

PRL-Sekretion: Im Gegensatz zu der STH-Sekretion ist nach Gabe unterschiedlicher Apomorphindosen *kein* signifikanter Gruppenunterschied zwischen Probanden und Patienten zu beobachten (Abb. 7 - 9). Allerdings lagen die PRL-Basalwerte (t_0) bei Patienten vor Stimulation mit Dosis C signifikant höher (p< 0.05) als bei Probanden.

Auch bei Stimulation mit der *höchsten* Apomorphindosis (0.012 mg/kg) zeigt die PRL-Sekretion (Dif) *keinen* signifikanten Gruppenunterschied (p = 0.09, Wilcoxon 2-Stichprobentest, Probanden n = 11).

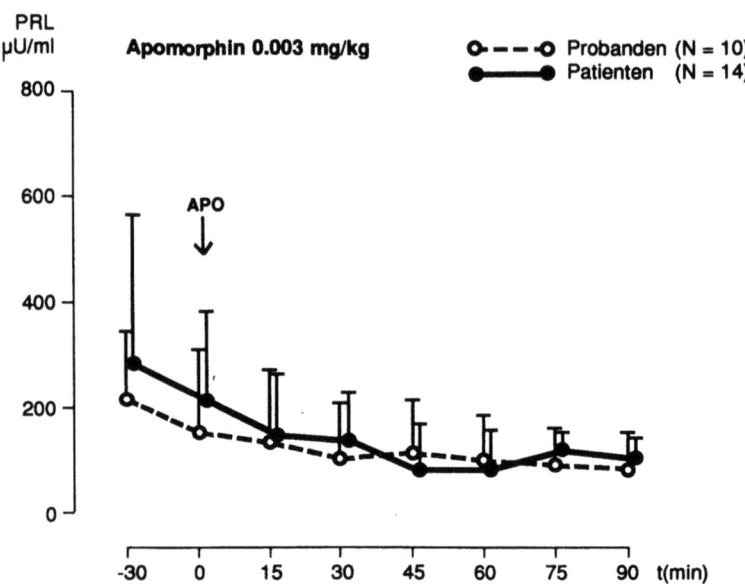

Abb. 7: PRL (µU/ml)-Mittelwertverläufe bei Probanden und schizophrenen Patienten nach Gabe von 0.003 mg/kg Apomorphin s.c.

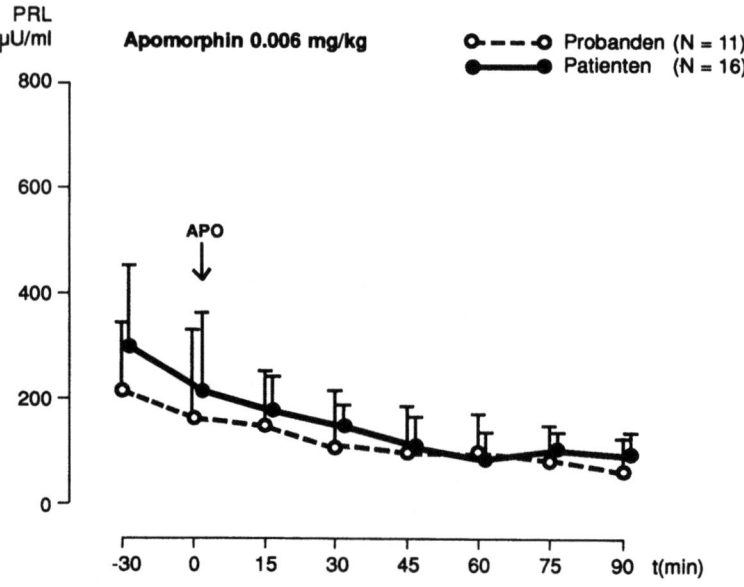

Abb. 8. PRL (µU/ml)-Mittelwertverläufe bei Probanden und schizophrenen Patienten nach Gabe von 0.006 mg/kg Apomorphin s.c.

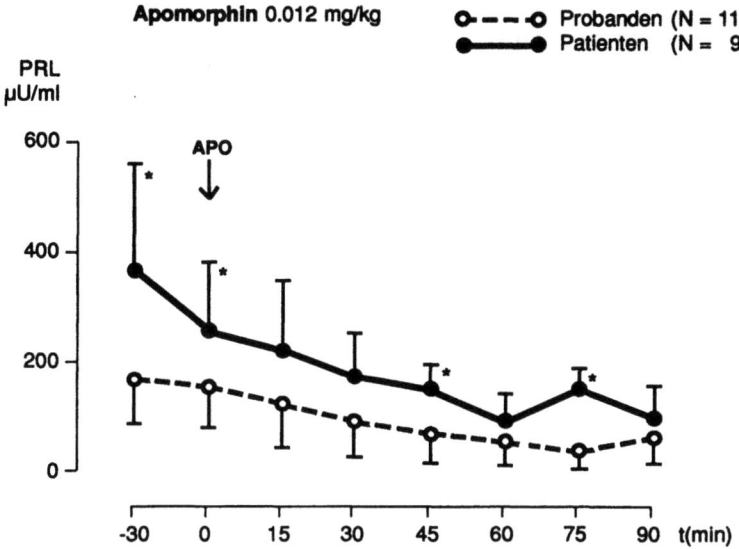

Abb. 9. PRL (µU/ml)-Mittelwertverläufe bei Probanden und schizophrenen Patienten nach Gabe von 0.012 mg/kg Apomorphin s.c.

Signifikante Beziehungen zwischen der STH- und PRL-Sekretion nach Apomorphingabe und der *Krankheitsdauer* sowie der *Dauer der Vorbehandlung* mit NL ließen sich nicht nachweisen. Ebensowenig zeigte sich ein Zusammenhang zwischen neuroendokrinologischen Veränderungen und den verschiedenen diagnostischen Untergruppen (Diagnose nach ICD-9):

Dosis A: 295.3 (n=7), 295.1 (n=5); 295.4 (n=1); 295.7 (n=1);
Dosis B: 295.3 (n=7); 295.1 (n=5); 295.4 (n=2); 295.2 (n=1); 295.7 (n=1);
Dosis C: 295.3 (n=6); 295.1 (n=3).

Psychopathologie: Analysen der Beziehungen zwischen den neuroendokrinologischen (STH-AUC und PRL-Dif) und psychopathologischen (BPRS-Merkmalanalyse) Veränderungen zeigen keinerlei signifikante Effekte, weder zu den Merkmalen der sogenannten "Plussymptomatik" (Aktivierung, Denkstörungen, Feindseligkeit) noch zu dem Merkmal Anergie als Ausdruck der "Minussymptomatik".

Nebenwirkungen: An Nebenwirkungen wurde von *Probanden* und *Patienten* vereinzelt bei Apomorphindosis C über leichte vorübergehende Müdigkeit und Übelkeit berichtet. Objektiv wurde, ebenfalls vereinzelt, eine geringgradige *Bradykardie* und *Hypotension* beobachtet. Diese Nebenwirkungen zeigten jedoch keinen Einfluß auf neuroendokrinologische Veränderungen.

Zusammenhang zwischen den STH-Maximalwerten und den STH-AUC-Werten nach Apomorphingabe: Die STH-AUC-Werte korrelieren bei Patienten und Probanden hochsignifikant mit den STH-Maximalwerten nach Apomorphingabe (Tabelle 13).

Tabelle 13. Zusammenhang zwischen STH-AUC- und STH-Maximalwerten nach Gabe von Apomorphin (Dosis A,B und C) bei Probanden und schizophrenen Patienten

Dosis A	(0.003 mg/kg/KG s.c.)	Probanden:	r = 0,98	n = 10
		Patienten:	r = 0,99	n = 14
Dosis B	(0.006 mg/kg/KG s.c.)	Probanden:	r = 0,84	n = 11
		Patienten:	r = 0,99	n = 16
Dosis C	(0.012 mg/kg/KG s.c.)	Probanden:	r = 1,0	n = 10
		Patienten:	r = 0,97	n = 9

3.4 Reproduzierbarkeit der STH-Sekretion nach Apomorphin

Um die Frage der intraindividuellen Variabilität der STH-Sekretion nach Apomorphinstimulation zu beurteilen, wurden die 12 gesunden männlichen *Probanden* jeweils *5mal* im Abstand von 5 bis 7 Tagen mit Dosis C (0.012 mg/kg s.c.) und 6 männliche schizophrene *Patienten* mit produktiv psychotischer Symptomatik mit Dosis B (0.006 mg/kg s.c.) jeweils *3mal* im Abstand von 1 bis 3 Tagen stimuliert.

3.4.1 Probanden

Von insgesamt 60 Untersuchungen (12 Probanden mit 5maliger Stimulation mit Dosis C) zeigten sich 57mal Stimulationseffekte > 5 ng/ml und 51mal Stimulationseffekte > 10 ng/ml, wobei intra- und interindividuell die absolute Höhe der jeweiligen STH-Sekretion unterschiedlich war.

Abb. 10 gibt einen Überblick über die maximale STH-Sekretion nach wiederholter Stimulation mit Apomorphindosis C (Stimulationsergebnisse bei STH-Basalwerten (t_0) > 5 ng/ml wurden nicht abgebildet, siehe Tabelle 11).

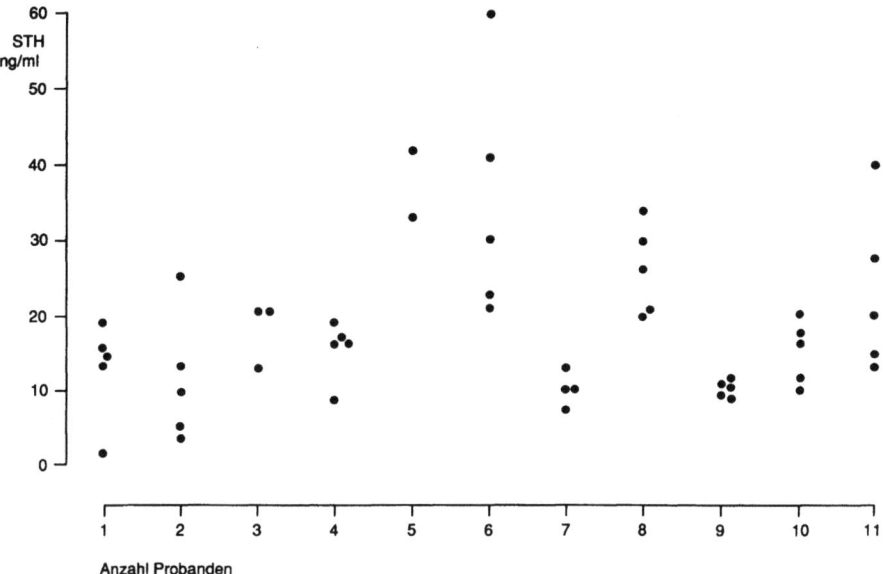

Abb. 10. Maximale STH-Sekretion (ng/ml) nach mehrmaliger Stimulation mit 0.012 mg/kg Apomorphin s.c.

3.4.2 Schizophrene Patienten mit produktiv psychotischer Symptomatik

Ein Patient konnte in der Auswertung aufgrund eines vorzeitigen Untersuchungsabbruchs wegen zunehmender Unruhe nicht berücksichtigt werden. Bei 2 Patienten lagen die STH-Ausgangswerte (t_0) bei jeweils einer Untersuchung > 5 ng/ml. Von insgesamt 17 Untersuchungen zeigten sich 16mal Stimulationseffekte > 10 ng/ml (Tabelle 14).

Zusammengefaßt ist die STH-Sekretion nach Gabe einer konstanten Dosis von Apomorphin bezüglich des Stimulationseffektes (> 5 ng/ml) sehr gut bei Probanden und Patienten reproduzierbar, Schwankungen zeigten sich allerdings in der absoluten STH-Sekretionshöhe. Schizophrene Patienten stimulierten bei Apomorphindosis B in mindestens gleicher Höhe wie gesunde Probanden bei Dosis C .

Tabelle 14. Intraindividuelle Variation der STH- und PRL-Serumwerte vor und nach dreimaliger Gabe von Apomorphin (0.006 mg/kg s.c.) bei schizophrenen Patienten mit produktiv psychotischer Symptomatik

Nr.	Diagnose (ICD-9)	PRL-bas µU/ml	PRL-Dif µU/ml	STH-bas ng/ml	STH-max ng/ml	STH-AUC ng/ml x 90 min
1	295.1	553	251	0.13	11.53	523
1		184	103	0.29	24.69	1190
1		386	239	0.68	19.20	1003
2	295.4	169	75	5.9	13.03	852
2		150	36	4.9	13.3	829
2		148	72	5.0	19.8	1359
3	295.3	181	105	1.20	21.5	1286
3		108	60	0.40	23.6	1236
3		132	70	0.50	11.5	497
4	295.4	386	255	0.19	0.5	36
4		259	165	0.23	19.5	919
4		204	109	0.44	37.8	1911
5	295.1	365	233	0.22	11.4	570
5		203	105	0.30	22.5	1042
5		290	187	0.40	13.1	633
6	295.3	380	256	0.19	11.83	448
6		455	301	0.33	14.77	588
6		Abbruch				

Dif: t_0 - $t_{Minimum}$ nach Apomorphin

Tabelle 15. Intraindividuelle Variation der PRL (µU/ml) -Basalsekretion (t_0) bei gesunden männlichen Probanden an 5 Untersuchungstagen

Nr.	1	2	3	4	5	6	7	8	9	10	11
	173	457	111	89	81	163	147	81	214	102	174
	85	451	140	142	85	127	270	46	188	88	101
	161	518	126	115	77	136	132	77	144	135	169
	178	570	311	136	47	111	159	39	157	108	140
	158	467	170	152	78	130	289	38	176	117	137

3.5 Reproduzierbarkeit der PRL-Sekretion nach Apomorphin

Zur Überprüfung der *intraindividuellen Variabilität* der PRL-Sekretion nach Apomorphingabe wurde analog bei den 12 gesunden männlichen *Probanden* jeweils 5mal im Abstand von 5 bis 7 Tagen Dosis C (0.012 mg/kg s.c.) und bei 6 männlichen schizophrenen *Patienten* mit produktiv psychotischer Symptomatik Dosis B (0.006 mg/kg s.c.) 3mal im Abstand von 1 bis 3 Tagen verabreicht.

3.5.1 Probanden

Die PRL-*Basalsekretion* (t_0) sowie die PRL-*Sekretionsminderung* (Dif) nach Gabe von Apomorphin (0.012 mg/kg s.c.) zeigt zum Teil deutliche intraindividuelle Schwankungen (Tabelle 15, Abb. 11).

3.5.2 Schizophrene Patienten mit produktiv psychotischer Symptomatik

Die PRL-*Basalsekretion* (t_0) sowie die *PRL-Sekretionsminderung* (Dif) nach Gabe von Apomorphin (0.012 mg/kg s.c.) zeigt auch hier ein deutliche intraindividuelle Variabilität (Tabelle 14).

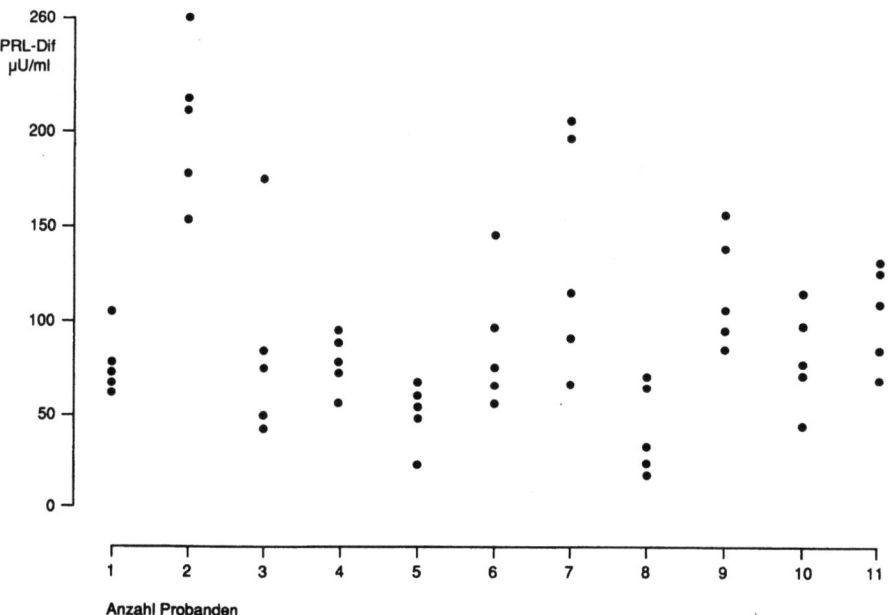

Abb. 11. PRL (µU/ml)-Sekretion (Dif) nach mehrmaliger Stimulation mit 0.012 mg/kg Apomorphin s.c.

Tabelle 16. STH-AUC-Sekretion bei verschiedenen diagnostischen Untergruppen schizophrener Patienten und gesunden Kontrollen nach Stimulation mit Apomorphin (0.006 mg/kg/KG s.c.)

Diagnose (ICD-9)		Anzahl		Alter (Jahre)		STH-AUC ng/ml x 120 min	
I Hebephrenie		295.1	Prob.	295.1	Prob.	295.1	Prob.
(295.1) vs.	x	11	10	25.4	29.7	1133.3	390.5
Probanden	s			4.4	4.6	1377.4	365.0
	p			n.s.		n.s.	
II Hebephrenie		295.1	295.3	295.1	295.3	295.1	295.3
vs. paranoide	x	11	18	25.4	35.3	1133.3	1318.0
Schizophrenie	s			4.4	9.6	1377.4	1571.7
(295.3)	p^1			p=0.0008		n.s	
III Hebephrenie vs.		295.1	295.6	295.1	295.6	295.1	295.6
Residualschizo-	x	11	7	25.4	41.4	1133.3	204.5
phrenie (295.6)	s			4.4	8.7	1377.4	166.8
	p			p < 0.001		p < 0.05	
IV paranoide Schizo-		295.3	Prob.	295.3	Prob.	295.3	Prob.
phrenie vs.	x	18	16	35.3	36.5	1318.0	545.6
Probanden	s			9.6	11.3	1571.7	488.0
	p			n.s		n.s	
V paranoide Schizo-		295.3	295.6	295.3	295.6	295.3	295.6
phrenie vs.	x	18	7	35.3	41.4	1318.0	204.5
Residualschizo-	s			9.6	8.7	1571.7	166.8
phrenie	p			n.s.		p < 0.05	
VI Residualschizo-		295.6	Prob.	295.6	Prob.	295.6	Prob.
phrenie vs.	x	7	7	41.4	42.7	204.5	697.7
Probanden	s			8.7	9.0	166.8	448.0
	p			n.s.		p < 0.05	

p   U-Test nach Mann u. Whitney
p^1 Student's-t-Test für unabhängige Stichproben (FG=26 T=3.77)

3.6 STH-Sekretion nach Apomorphin bei verschiedenen diagnostischen Untergruppen schizophrener Patienten

Zur Beantwortung der Frage, inwieweit eine unterschiedliche STH-Sekretion nach Stimulation mit Apomorphin als Folge einer veränderten dopaminergen Rezeptorsensitivität in Beziehung zu verschiedenen diagnostischen Untergruppen der schizophrenen Erkrankungen steht, wurden insgesamt 40 Patienten mit Apomorphindosis B (0.006 mg/kg s.c.) stimuliert (Abbildung 12).

Wie Tabelle 16 zeigt, finden sich signifikante Unterschiede in der STH-Sekretion nach Apomorphingabe lediglich zwischen schizophrenen Patienten mit einer *Residualsymptomatik* und *paranoiden* bzw. *hebephrenen* Patienten sowie gesunden *Kontrollen*. Zwischen Hebephrenen und Patienten mit Residualsymptomatik lag ein signifikanter Altersunterschied vor. Zwischen paranoiden schizophrenen Patienten und gesunden Probanden wurde das Signifikanzniveau knapp verfehlt (p = 0.06).

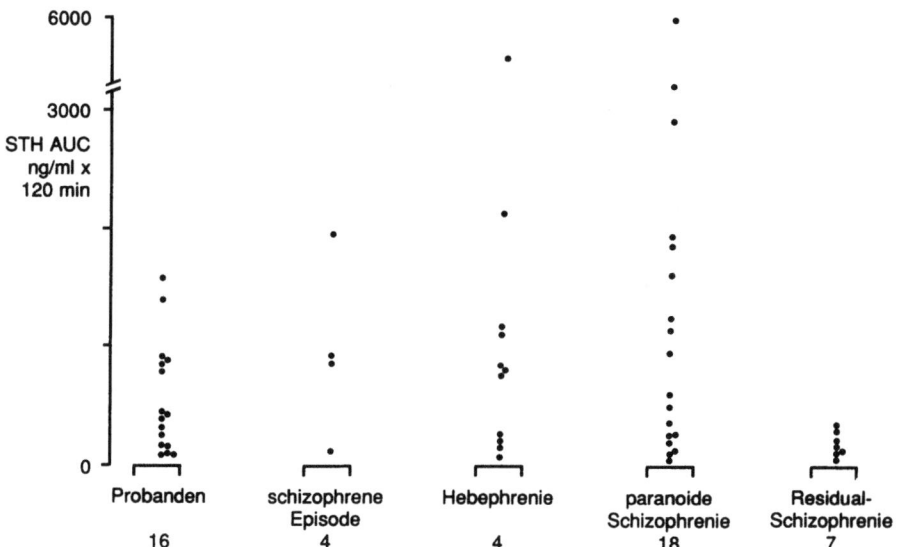

Abb. 12. STH-AUC-Sekretion (ng/ml x 120 min) nach Stimulation mit 0.006 mg/kg Apomorphin s.c. bei 40 schizophrenen Patienten von unterschiedlichem diagnostischem Subtyp

Hebephrenie vs. paranoide Schizophrenie:	n.s.
Hebephrenie vs. Residualschizophrenie:	p < 0.05
Paranoide Schizophrenie vs. Residualschizophrenie:	p < 0.05
Residualschizophrenie vs. Probanden:	p < 0.05

Tabelle 17. Zusammenhang zwischen psychopathologischen Veränderungen (BPRS-Skala) und der STH-AUC-Sekretion (ng/ml x 120 min.) nach Apomorphin (0.006 mg/kg/KG s.c.) bei 40 schizophrenen Patienten

			STH-AUC (ng/mlx120min)		
		r	FG	T	p
1	AngstDepression	0.28	38	1.84	0.07
2	Anergie	-0.67	38	5.56	0.000
3	Denkstörungen	0.48	38	3.37	0.0017
4	Aktivierung	0.67	38	5.63	0.000
5	Feindseligkeit	-0.015	38	0.09	0.93
	3+4+5	0.43	38	2.91	0.006
	Gesamter Summenwert	0.24	38	1.56	0.13

Tabelle 17 gibt einen Überblick über die Analyse der *Korrelationen* (Spearman-Korrelationskoeffizient) zwischen der STH-Sekretion nach 0,006 mg/kg Apomorphin s.c. und psychopathologischen Veränderungen.

Dieses Ergebnis weist auf einen signifikanten Zusammenhang zwischen der Höhe der STH-Sekretion und der sogenannten "Plussymptomatik" (BPRS: Aktivierung, Denkstörungen, Feindseligkeit) hin, d.h. schizophrene Patienten mit einer erhöhten STH-Sekretion nach Stimulation mit dem DA-Agonisten Apomorphin zeigen als Ausdruck einer höheren dopaminergen Rezeptorempfindlichkeit in diesem System auch ausgeprägtere psychotische Symptome.

Analog dazu ließ sich eine signifikant negative Korrelation zwischen der Höhe der "Minussymptomatik" und der STH-Sekretion nach Apomorphinstimulation nachweisen (Tabelle 17).

3.7 Beziehung der STH-Sekretion nach Apomorphin bei schizophrenen Patienten zur Dauer der Erkrankung

Zur Klärung der Frage, ob ein langer schizophrener *Krankheitsverlauf* in Beziehung zu einer veränderten dopaminergen Rezeptorempfindlichkeit im hypothalamohypophysären System steht, wurden 16 männliche gesunde *Probanden* (Durchschnittsalter 36.5 ± 11.3 Jahre, 22 - 57), 25 *schizophrene Patienten* mit einem *Krankheitsverlauf < 4 Jahre* (Durchschnittsalter 28.4 ± 6.7 Jahre, 22 - 42, durchschnittliche Krankheitsdauer 26 ± 14.6 Monate, 3 - 42) sowie 18 *schizophrene Patienten* mit einem *Krankheitsverlauf von 4 und mehr Jahren* (Durchschnittsalter 35.6 ± 9.4 Jahre, 22 - 64, durchschnittliche Krankheitsdauer 121.8 ± 54.5 Monate, 48 - 240) untersucht.

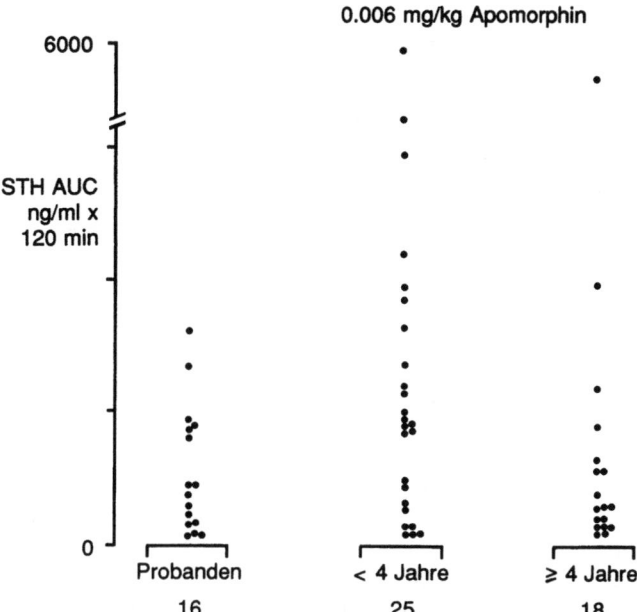

Abb. 13. STH-AUC-Sekretion (ng/ml x 120 min) nach Stimulation mit 0.006 mg/kg Apomorphin s.c. bei 16 gesunden Probanden und 43 schizophrenen Patienten, eingeteilt in eine Krankheitsdauer < 4 bzw. von 4 und mehr Jahren

Alle Patienten waren männlich, 12 niemals mit NL vorbehandelt, die übrigen Patienten waren mindestens 4 Wochen frei von NL. Der Apomorphintest wurde mit einer Dosis von 0.006 mg/kg s.c. (AUC, $t_0 - t_{120}$) durchgeführt.

Dabei läßt sich kein signifikanter Zusammenhang zwischen Krankheitsdauer, dem Alter und der Höhe der STH-Sekretion nach Apomorphin nachweisen. Auch eine Einteilung in *zwei Gruppen* mit einer Krankheitsdauer von 4 und mehr Jahren bzw. < 4 Jahren, wie sie in der Literatur gebräuchlich ist, zeigt *keine* signifikanten Unterschiede zwischen den Gruppen (Abb.13).

Auch zur *vorausgehenden Behandlungsdauer* mit NL ließ sich kein signifikanter Zusammenhang ermitteln, ebensowenig zwischen der *STH-Sekretion* und *extrapyramidalmotorischen* Nebenwirkungen der NL.

Tabelle 18. Einzeldarstellung neuroendokrinologischer und neurochemischer Ergebnisse bei männlichen schizophrenen Patienten mit produktiv psychotischer Symptomatik nach Stimulation mit Apomorphin (0.006 mg/kg/KG s.c.)

Nr.	Alter (J)	KH-Dauer (MO)	NL-frei (WO)	Diag-nose ICD-9	PRL μU/ml bas	Dif	STH μU/ml bas	AUC	NA pg/ml	A pg/ml
1	47	178	6	295.3	207	170	0.17	1107	116	79
2	26	47	ub	295.3	62	-	0.2	921	-	-
3	34	25	ub	295.3	-	-	0.6	958	-	-
4	28	12	ub	295.1	-	-	0.46	34	-	-
5	22	40	144	295.1	259	-	0.3	195	-	-
6	21	24	4	295.3	118	-	0.2	1616	-	-
7	36	26	ub	295.2	73	-	0.2	817	-	-
8	29	27	ub	295.3	112	86	0.16	33	130	10
9	41	67	48	295.3	119	83	0.73	332	209	23
10	30	9	ub	295.3	279	62	10.26	1453	100	51
11	26	65	ub	295.1	281	109	0.12	807	198	13
12	27	75	12	295.1	308	141	0.11	8	109	13
13	27	61	24	295.1	195	98	1.04	208	369	25
14	44	120	32	297.0	178	84	0.26	33	185	44
15	28	20	ub	295.0	87	46	1.09	85	234	26
16	37	40	ub	295.3	330	70	0.23	2927	195	55
17	20	1	ub	295.7	380	124	0.19	448	282	24
18	24	48	ub	295.2	126	56	0.1	410	134	14
19	23	9	ub	295.1	184	81	0.29	1190	310	68
20	22	4	ub	295.4	150	114	4.95	829	145	59
21	34	34	108	295.3	132	62	0.4	1236	172	42

KH   Krankheitsdauer (Monate)
NL-frei Neuroleptikafreie Periode vor Apomorphingabe (Wochen)
ub   unbehandelt
Dif t_0 - $t_{Minimum}$ nach Apomorphin
AUC   ng/mlx90min

3.8 STH- und PRL-Sekretion und Prädiktion des Therapieerfolges mit Neuroleptika

Zur Ermittlung einer möglichen Prädiktorfunktion neuroendokrinologischer Veränderungen als Ausdruck einer unterschiedlichen dopaminergen Rezeptorempfindlichkeit im Hinblick auf die antipsychotische und DA-Rezeptor blockierende Wirkung von NL wurden insgesamt 21 männliche, schizophrene Patienten mit einem paranoid-halluzinatorischen Syndrom (Durchschnittsalter 29.8 ± 6 Jahre, 22 bis 47) mit Apomorphindosis B (0.006 mg/kg s.c.) stimuliert. Die Patienten wurden mit flexiblen Dosierungen je nach klinischer Erfordernis und mit *unterschiedlichen* NL behandelt. Der Beobachtungszeitraum umfaßte 42 Tage.

13 Patienten waren noch nie mit NL behandelt worden, bei den übrigen Patienten lag die letzte NL-Therapie mindestens 1 Monat zurück. Die Krankheitsdauer betrug zwischen 1 und 178 Monaten.

Die Tabelle 18 gibt einen Überblick über Alter, Krankheitsdauer, Dauer der neuroleptikafreien Periode vor der Untersuchung, diagnostische Zuordnung, den PRL-Basal und Minimalwerten nach Gabe von Apomorphin, die Apomorphin induzierten STH-Stimulationswerte (AUC) sowie die Basalsekretion (t_0) von NA und A.

In Tabelle 19 finden sich die *Differenzwerte* der einzelnen BPRS-Syndrome und der extrapyramidalmotorischen Nebenwirkungen (Webster-Skala) sowie die Zustandsänderung (CGI-Item 2) aufgelistet.

Die produktiv psychotische Symptomatik wurde mittels der BPRS-Syndrome 3 - 5 (Aktivierung, Denkstörungen, Feindseligkeit) erfaßt. Die Minussymptomatik wurde mit dem BPRS-Syndrom 2 (Anergie) dokumentiert.

Responder: Besserung der produktiv psychotischen Symptomatik (Differenzwerte der BPRS-Syndrome 3 - 5 zwischen Tag 0 und Tag 42) um mindestens 40% sowie eine Gesamtbeurteilung der Zustandsänderung im CGI am Tag 42 als "viel besser" (Tabelle 20).

Nonresponder: Besserung der produktiv psychotischen Symptomatik zwischen Tag 0 und Tag 42 um weniger als 10% sowie eine Gesamtbeurteilung der Zustandsänderung als "nur wenig besser, unverändert oder schlechter" (Tab. 21).

Partialresponder: Besserung der produktiv psychotischen Symptomatik zwischen Tag 0 und Tag 42 um weniger als 40%, aber mehr als 10%.

Die Auswertung der psychopathologischen Veränderungen im Therapieverlauf ergab keine signifikanten Korrelationen zu den apomorphininduzierten Veränderungen der STH-Sekretion (Tabelle 20 und 21).

Die PRL-Basalwerte (t_0) und die PRL-Differenzwerte (Dif) lagen in der Respondergruppe höher als bei den Nonrespondern.

Eine hohe STH-Stimulation vor Beginn der Therapie war sowohl mit einer sehr guten klinischen Remission, als auch mit einem fehlenden Therapieeffekt verbunden. Die Gruppe der Responder und Nonresponder unterschied sich bezüglich der STH-Stimulation nach Apomorphin *nicht* signifikant voneinander.

Ebensowenig zeigten sich signifikante Beziehungen zwischen der apomorphinbedingten STH- und PRL-Sekretion und Veränderungen der "Minus-symptomatik" im Therapieverlauf.

Tabelle 19. Einzeldarstellung psychopathologischer (BPRS, CGI) und extrapyramidalmotorischer (Web) Veränderungen (Dif: Tag0-Tag42) sowie Gesamtbeurteilung der Zustandsänderung (CGI 2) unter NL-Therapie über 42 Tage

Nr.	BPRS							CGI 2	Web
	1	2	3	4	5	6	7		
1	2	-2	11	4	7	22	22	2	8
2	1	2	9	4	8	21	24	3	11
3	2	-2	4	4	3	11	11	4	13
4	5	-5	8	1	5	14	14	3	7
5	0	-2	5	6	8	19	17	3	10
6	7	-7	3	5	4	13	13	3	8
7	2	-1	3	4	0	7	8	4	12
8	0	0	0	-1	3	2	2	5	2
9	2	-2	0	0	0	0	0	5	2
10	0	0	1	2	2	5	5	5	9
11	0	1	10	1	2	13	14	3	10
12	0	0	13	2	5	20	20	3	0
13	4	0	8	2	2	12	16	2	-1
14	2	-4	0	0	-3	-3	-5	5	6
15	1	2	3	-1	-1	1	4	4	10
16	6	-1	10	4	6	20	25	3	11
17	2	1	7	5	5	17	20	3	4
18	-4	-1	0	-2	-1	-3	-8	5	13
19	0	-2	-1	-1	0	-2	-4	4	5
20	-1	3	1	1	3	5	7	3	10
21	3	1	3	-3	-1	-1	3	5	9

BPRS-Syndrome: 1 Angst/Depression   Web Skala nach Webster (1968)
              2 Anergie
              3 Denkstörung
              4 Aktivierung
              5 Feindseligkeit (Mißtrauen)
              6 Summe aus 3, 4, 5
              7 Summe aus 1 - 5

Tabelle 20. PRL (bas, Dif)- und STH (bas, AUC)-Werte bei Therapierespondem
(BPRS-Syndrome 3 - 5: > 40%)

Nr.	Alter (Jahre)	Diagnose (ICD-9)	PRL µU/ml bas	µU/ml Dif	STH ng/ml bas	ng/ml x 90 min AUC
1	47	295.3	207	37	0.17	1107
2	26	295.3	62	-	0.2	921
3	28	295.1	-	-	0.46	34
4	22	295.1	259	-	0.3	195
5	21	295.3	118	-	0.2	1616
6	26	295.1	281	172	0.12	807
7	27	295.1	308	167	0.11	8
8	37	295.3	330	256	0.23	2927
9	20	295.7	380	256	0.19	448

Dif t_0 - $t_{Minimum}$ nach Apomorphin

Tabelle 21. PRL (bas, Dif)- und STH (bas, AUC)-Werte bei Therapienonrespondem
(BPRS-Syndrome 3 - 5: < 10%)

Nr.	Alter (Jahre)	Diagnose (ICD-9)	PRL µU/ml bas	µU/ml Dif	STH ng/ml bas	ng/ml x 90 min AUC
1	29	295.3	112	26	0.6	33
2	41	295.3	119	36	0.73	332
3	44	297.0	178	94	0.59	33
4	28	295.0	87	41	1.09	85
5	24	295.2	126	70	0.1	410
6	23	295.1	184	103	0.29	1190
7	34	295.3	123	70	0.4	1236

Dif t_0 - $t_{Minimum}$ nach Apomorphin

3.9 Zusammenfassung

In den ersten Kapiteln konnte gezeigt werden, daß der Apomorphintest, der über die Stimulation dopaminerger Rezeptoren im hypothalamohypophysären System eine vermehrte STH- bzw. verminderte PRL-Sekretion induziert, zu *dosisabhängigen* und bezüglich des Stimulationseffektes (STH-Sekretion höher als 5 ng/ml) gut *reproduzierbaren* Ergebnissen führt.

Die STH-Sekretion liegt bei akut psychotischen schizophrenen Patienten im Vergleich zu gesunden Probanden als Ausdruck einer erhöhten dopaminergen Empfindlichkeit in diesem System deutlich *höher*, wobei dieser Effekt wesentlich ausgeprägter bei Stimulation mit *niederen* Dosen von Apomorphin zur Geltung kam.

Die durchschnittlichen STH-Basal-, Maximal- sowie Flächenintegralwerte liegen bei Probanden (Stimulation mit 0.012 mg/kg s.c.) und männlichen Patienten (Stimulation mit 0.006 mg/kg s.c.) in etwa gleich hoch.

Die Streuungen der PRL-Serumwerte unterscheiden sich bei Wiederholung unter denselben Rahmenbedingungen zwischen Probanden und Patienten *nicht* wesentlich und zeigen zum Teil deutliche *intraindividuelle* Schwankungen.

Der Apomorphintest differenziert *nicht* eindeutig zwischen verschiedenen diagnostischen Untergruppen der schizophrenen Erkrankung. Lediglich Patienten mit einer *Residualsymptomatik*, deren Fallzahl aber sehr gering war, zeigten eine verminderte STH-Sekretion. Die zum Teil mangelnden Unterschiede zwischen den einzelnen Krankheitsgruppen und gesunden Probanden lassen sich darauf zurückführen, daß in dieser Teilstudie diagnostische Subgruppen unabhängig von der aktuellen Psychopathologie verglichen wurden.

Die *Krankheitsdauer* beeinflußt nicht wesentlich die apomorphininduzierte STH-Sekretion.

Bei kleineren Stichproben lassen sich meist keine direkten und reproduzierbaren Beziehungen zwischen der Höhe der psychopathologischen Meßwerte und der Ausprägung neuroendokrinologischer Veränderungen ermitteln. Bei Auswertung einer größeren Patientenstichprobe (n = 40) zeigen sich dagegen signifikante korrelative Beziehungen. Bei schizophrenen Patienten mit einer produktiv psychotischen Symptomatik liegen die apomorphininduzierten STH-Sekretionswerte deutlich höher. Bei Patienten mit im Vordergrund stehender Affekt- und Antriebsverarmung ist dagegen eine deutlich erniedrigte STH-Sekretion zu beobachten.

3.10 Diskussion

3.10.1 Zusammenhang zwischen psychopathologischen und neuroendokrinologischen Befunden

Die Dopamin- bzw. Noradrenalinhypothese der Schizophrenie postuliert eine funktionelle Überaktivität dopaminerger bzw. noradrenerger Rezeptoren im Zusammenhang mit schizophrenen Erkrankungen. Beide Transmittersysteme sind von entscheidender Bedeutung für eine adäquate Wahrnehmungsintegration bzw. deren emotionale Bewertung. Eine Störung in diesen Bereichen wird als wesentliche Ursache schizophrener Erkrankungen betrachtet.

Neuroendokrinologische Untersuchungsmethoden bieten die Möglichkeit die Funktion dopaminerger und noradrenerger Rezeptoren *in vivo* zu überprüfen.

Wenn auch diese Forschungsstrategie lediglich eine Aussage über den Funktionszustand der Rezeptoren im hypothalamohypophysären System ermöglicht, so erscheint diese Vorgehensweise dennoch aus folgenden Gründen sinnvoll:

1. Vor allem dopaminerge, aber auch noradrenerge Systeme beeinflussen die Intensität und Koordination kognitiver und motorischer Funktionen, wobei topographisch in erster Linie bei schizophrenen Patienten eine Dysfunktion im mesokortikalen-mesolimbischen dopaminergen System vermutet wird. Letztlich ist aber noch unklar, ob hier auch der primäre Ort der Störung liegt oder ob aufgrund der sehr engen anatomischen Verbindungen zwischen den einzelnen topographisch unterschiedlichen Systemen nicht z.B. eine primäre Störung im nigrostriären oder hypothalamohypophysären System erst sekundär auf die obengenannten Bereiche übergreift. So konnte auch mit PET-Untersuchungen z.B. eine signifikante Erhöhung der dopaminergen DA-2-Rezeptorendichte im Nucleus caudatus bei unbehandelten schizophrenen Patienten nachgewiesen werden (Wong et al. 1986).

2. Das hypothalamohypophysäre System spielt eine wichtige Rolle in der Reaktion des Organismus auf innere und äußere Reize. So führen z.B. unterschiedliche Streßsituationen wie anstrengende Interviews, Prüfungen, emotional belastende Filme, aber auch körperliche Arbeit zu einer vermehrten Sekretion von STH (Rose 1984).

3. Apomorphin stimuliert DA-2-Rezeptoren. Über diese Rezeptoren werden in verschiedenen Strukturen des zentralen Nervensystems vielfältige Wirkungen vermittelt. Auf der Blockade dieser DA-2-Rezeptoren durch NL beruhen deren antipsychotische und extrapyramidalmotorische (Parkinson-)Wirkungen sowie die durch diese Pharmaka hervorgerufene erhöhte PRL-Sekretion. Die Stimulation von DA-2-Rezeptoren (z.B. mit Apomorphin) führt dosisabhängig zu einer vermehrten Sekretion von STH, zu einer Herabsetzung der PRL-Sekretion, zu Hyperkinesen und Antriebsminderung, zu dysphorischer Verstimmung und - bei

vorbestehender psychotischer Symptomatik - zur Exazerbation dieser Symptomatik.

Syndromebene: Zur Überprüfung des Zusammenhanges zwischen psychopathologischen und neuroendokrinologischen Veränderungen nach Apomorphingabe auf Syndromebene wurden verschiedene Untersuchungsverfahren durchgeführt.

Zunächst wurden Beziehungen zwischen der Höhe der Psychopathologiemeßwerte und der Höhe der STH-Sekretion, insbesondere unter dem Aspekt der "Plus- und Minussymptomatik" analysiert. Dabei wurde eine signifikant positive Korrelation in einer Studie mit einer größeren Patientenstichprobe zwischen der Höhe der STH-Sekretion und der Ausprägung der paranoid-halluzinatorischen Symptomatik als Ausdruck der "Plussymptomatik" ermittelt. In der gleichen Studie konnte auch eine signifikante negative Korrelation zwischen der Höhe der "Minussymptomatik" und der STH-Sekretion nachgewiesen werden. In der Mehrzahl der durchgeführten Untersuchungen - mit allerdings deutlich kleineren Stichproben - lag jedoch kein signifikanter Zusammenhang vor.

Diese heterogenen Befunde reflektieren letztlich auch die Ergebnisvielfalt in der Literatur. So berichteten Meltzer et al. (1984) über positive Beziehungen sowohl zwischen "Plus-" als auch zwischen "Minussymptomatik" und der Höhe der apomorphininduzierten STH-Sekretion.

Ferrier et al. (1984) berichteten über eine verminderte STH-Sekretion bei ausgeprägter "Minussymptomatik", jedoch über keinen Zusammenhang zur "Plussymptomatik". Zemlan et al. (1986) fanden dagegen wieder positive signifikante Korrelationen zwischen der Ausprägung der Denkstörung und erhöhter STH-Sekretion nach Apomorphin.

Diese widersprüchlichen Ergebnisse sind nicht überraschend und letztlich nur Ausdruck unterschiedlicher Probleme sowohl in der Symptombeschreibung, der Heterogenität der unterschiedlichen dopaminergen Systeme als auch der Allgemeingültigkeit der Dopaminhypothese.

Ungeachtet der Vielfalt der Bemühungen zuverlässige operationale Kriterien zur Beschreibung der Diagnose und Symptomatik zu finden, existieren bis heute noch keine ausreichenden zufriedenstellenden Meßverfahren, die vor allem den beiden Polen "Plus-" und "Minussymptomatik" gerecht werden. Dies wird darüber hinaus dadurch erschwert, daß vielfach beide Syndrome bei *einem* Patienten in unterschiedlicher Ausprägung auftreten können. Zum anderen muß einschränkend berücksichtigt werden, daß neuroendokrinologische Testverfahren im Vergleich zu den relativ feinen graduellen Abstufungen psychopathologischer Meßinstrumente zum Teil ausgeprägte Streuungen der Ergebnisse zeigen. So konnte einerseits nachgewiesen werden, daß floride psychotische Patienten signifikant höher STH nach Apomorphin stimulieren als gesunde Kontrollen, aber innerhalb der Patientengruppe mit zum Teil identischer Symptomatik finden sich hohe und sehr hohe Sekretionsmaxima. Daraus folgt, daß Unterschiede gegenüber Probanden nicht gleichbedeutend sein müssen mit korrelativen Beziehungen zwischen zwei unterschiedlichen Meßverfahren.

Schließlich ist auch zu bedenken, daß die Funktion verschiedener dopaminerger Systeme, nämlich des tuberoinfundibulären und des mesokortikalen-mesolimbischen Systems, miteinander verglichen werden, die keineswegs a priori zeitlich synchrone Rezeptorveränderungen entwickeln müssen.

Auch ist zu berücksichtigen, daß die Dopaminhypothese der Schizophrenie letztlich nur eine - wenn auch gut fundierte - Theorie darstellt, die sicherlich nicht vorbehaltlos auf das gesamte Spektrum schizophrener Erkrankungen mit ihrer Vielfalt unterschiedlicher Krankheitsverläufe sowie ihrer unterschiedlichen Symptomatik und therapeutischen Beeinflußbarkeit übertragen werden darf. In diesem Zusammenhang wies insbesondere Matussek (1982) auf die Bedeutung des noradrenergen Systems in der Pathophysiologie der Schizophrenie hin.

Widersprüchliche Ergebnisse fanden sich auch bei der Überprüfung der Prädiktorfunktion des Apomorphintests im Hinblick auf die klinische Effizienz einer antipsychotischen Behandlung mit NL.

Sowohl die eigenen Befunde als auch die im Schrifttum berichteten Ergebnisse lassen diesbezüglich keine eindeutigen Schlußfolgerungen zu. Die Differenzierung der Patientenstichprobe in Responder und Nonresponder bestätigte *nicht* die Hypothese, daß Patienten mit einer erhöhten dopaminergen Rezeptorempfindlichkeit im hypothalamohypophysären System besonders von einer antidopaminergen NL-Therapie profitieren würden. Die relativ hohen, aber noch in der Norm liegenden basalen PRL-Serumspiegel vor Beginn der Behandlung in der Gruppe der Therapieresponder deuten eher auf eine geringere dopaminerge Rezeptorempfindlichkeit hin. Allerdings schränken die niedrigen Fallzahlen die Beurteilung dieses Befundes ein.

Während Garver et al. (1984) und Zemlan et al. (1986) positive Zusammenhänge zwischen der Höhe der apomorphinstimulierten STH-Sekretion und der klinischen Remission unter NL fanden, berichteten Rotrosen et al. (1976) entgegengesetzte Ergebnisse.

Cleghorn et al. (1983) fanden bei Verlaufsuntersuchungen eine erhöhte STH-Sekretion zum Zeitpunkt des psychotischen Rezidivs. Dagegen lag die apomorphininduzierte STH-Sekretion nach Abklingen der psychotischen Symptomatik deutlich niedriger. Dieser Befund bestätigt den engen Zusammenhang zwischen dem Auftreten produktiv psychotischer Symptome und einer erhöhten Rezeptorempfindlichkeit im hypothalamohypophysärem Bereich.

Im Gegensatz zu den unterschiedlichen STH-Sekretionsergebnissen nach Apomorphingabe bei akuten schizophrenen Patienten und gesunden Kontrollen erwiesen sich die PRL-Sekretionsergebnisse als weniger hilfreich in der Beurteilung des Funktionszustandes dopaminerger Rezeptoren. Eindeutige Sekretionsergebnisse waren bei Probanden lediglich nach Stimulation mit der höchsten Dosierung (0.012 mg/kg Apomorphin s.c.) gegenüber Placebo zu beobachten.

Analog zur Dopaminhypothese der Schizophrenie wären bei einer Überempfindlichkeit dopaminerger Rezeptoren in diesem System eine verminderte basale

PRL-Sekretion bzw. eine erhöhte PRL-Suppression nach Apomorphingabe zu erwarten, da DA hemmend auf die PRL-Sekretion einwirkt. Beide Effekte ließen sich nicht beobachten, insbesondere nicht bei Stimulation mit 0.006 mg/kg Apomorphin s.c., also jener Dosierung, bei der der größte Unterschied in der STH-Sekretion nach Apomorphin zwischen Probanden und Patienten zu beobachten war.

Ebensowenig lagen Beziehungen zwischen PRL-Serumspiegeln und psychopathologischen Merkmalen vor.

In der Literatur werden dazu widersprüchliche Befunde berichtet. Während Ettigi et al. (1976) keine Unterschiede in der PRL-Sekretion nach Apomorphingabe zwischen Kontrollen und schizophrenen Patienten beschrieben, fanden Rotrosen et al. (1978a) bei 17 chronisch schizophrenen Patienten eine geringere PRL-Suppression im Vergleich zu Kontrollen.

Tamminga et al. (1977) berichteten dagegen bei chronisch schizophrenen Patienten über eine höhere PRL-Sekretionssuppression nach Apomorphin. Schließlich fanden Ferrier et al. (1984) eine negative Korrelation zwischen basalen Serum-PRL-Werten und dem Schweregrad der "Plussymptomatik" bei Patienten mit einer akuten Schizophrenie. Die Ergebnisse der beiden zuletzt zitierten Autoren lassen sich wieder im Sinne der Dopaminhypothese interpretieren.

Nosologische Ebene: Zur Beurteilung der Frage, inwieweit Zusammenhänge zwischen psychopathologischen und neuroendokrinologischen Veränderungen nach Apomorphingabe auf nosologischer Ebene vorliegen, wird die Relevanz des Apomorphintests unter drei Aspekten diskutiert.

1. Differenzierung zwischen Probanden und schizophrenen Patienten
2. Unterschiede in der apomorphininduzierten STH-Sekretion innerhalb der verschiedenen Untergruppen der Schizophrenie
3. Unterschiede in der apomorphininduzierten STH-Sekretion zwischen schizophrenen Patienten und anderen psychiatrischen Erkrankungen

Die Ergebnisse der hier vorgelegten Untersuchungen zeigen zunächst einmal, daß der Apomorphintest sowohl bei Probanden als auch bei Patienten zu einer reproduzierbaren STH-Stimulation führt und damit die Überprüfung der Funktion jener DA-Rezeptoren ermöglicht, die die STH-Sekretion steuern. Um alters- und geschlechtsabhängige Einflüsse auf die STH-Sekretion zu reduzieren, wurden in diese Untersuchungen lediglich männliche Probanden bzw. Patienten in einer bestimmten Altersgruppe einbezogen.

Es konnte nachgewiesen werden, daß schizophrene Patienten mit produktiv psychotischer Symptomatik als Ausdruck einer vermehrten dopaminergen Rezeptorempfindlichkeit signifikant mehr STH nach Stimulation mit dem DA-Agonisten Apomorphin sezernieren als gesunde Probanden. Dies ließ sich auch durch wiederholte Untersuchungen mit der jeweils gleichen Dosierung bestätigen, wobei akut schizophrene Patienten bereits bei Stimulation mit einer halb so hohen Dosis wie bei Probanden mindestens gleiche, zum Teil höhere Stimulationseffekte zeigten.

Im Gegensatz zu den bisher in der Literatur üblichen Querschnittuntersuchungen, meist mit 0,75 mg Apomorphin und dabei sehr widersprüchlichen Befunden, führte die Stimulation mit drei unterschiedlichen Dosierungen zu eindeutigen Ergebnissen. Während bei Probanden die STH-Sekretion mit steigender Dosierung signifikant zunahm, ließ sich dieser Effekt bei schizophrenen Patienten nicht beobachten, da diese bereits bei sehr niedrigen Dosen so hohe STH-Stimulationseffekte zeigten, wie sie bei Probanden im allgemeinen erst nach Gabe der höchsten Apomorphindosis sichtbar waren.

Die Stimulation mit einer Dosis von 0.006 mg/kg differenzierte am besten zwischen Probanden und Patienten, während bei einer Dosis von 0.012 mg/kg keine signifikanten Gruppenunterschiede mehr auftraten. Da diese höhere Dosierung der in der Literatur im allgemeinen verwendeten Dosis weitgehend entspricht, könnten die widersprüchlichen Ergebnisse, bzw. die fehlenden Unterschiede zu Probanden zumindest zum Teil dadurch erklärt werden, daß die Apomorphindosis zum Nachweis vor allem einer unterschiedlichen Schwellenempfindlichkeit bisher zu hoch lag. Lediglich eine Untersuchergruppe (Cleghorn et al. 1983) führte den Apormophintest mit verschiedenen Dosen durch und kam in dieser der unseren vergleichbaren Untersuchungsanordnung zu den gleichen Ergebnissen. Diese Arbeitsgruppe beobachtete eine signifikant erhöhte STH-Sekretion bei akut psychotischen, schizophrenen Patienten nach Stimulation mit einer noch niedrigeren Apomorphindosis (0.0014 mg/kg). Allerdings war die Zahl der insgesamt untersuchten Patienten (n = 10) relativ klein. Darüber hinaus wurde die Studie in einer siebenstündigen Sitzung an einem Tag mit sukzessiver Apomorphingabe durchgeführt. Bei diesem Vorgehen sind jedoch folgende Schwierigkeiten und Fehlerquellen nicht auszuschließen.

1. Nach unseren Erfahrungen ist selbst eine Untersuchungsdauer von 3 Stunden bei ausgeprägt psychotischen Patienten nicht möglich. Um eine Selektion im Hinblick auf "geduldige" Patienten mit geringer Wahndynamik bzw. psychomotorischer Unruhe zu vermeiden, mußten wir bei floride psychotischen Patienten sogar die Untersuchungsdauer auf 90 Minuten nach Apomorphingabe reduzieren.

2. Eine zu lange Untersuchung kann, da sie unter basalen Grundumsatzbedingungen durchgeführt wird, zu hypoglykämischen Zuständen führen und damit die STH-Sekretion beeinflussen. Dies konnte bei sämtlichen unserer Untersuchungen ausgeschlossen werden. Die gleichzeitige Bestimmung der Serumglukose zu den jeweiligen Blutabnahmezeitpunkten für die STH-Bestimmung erbrachte keinerlei diesbezügliche Befunde. Sämtliche Werte lagen im Normbereich.

Insgesamt ist es jedoch nach den Befunden von Cleghorn et al. und unseren eigenen Ergebnissen gerechtfertigt anzunehmen, daß eine erhöhte dopaminerge Rezeptorempfindlichkeit in dem die STH-Sekretion steuernden dopaminergen System bei der Mehrzahl der untersuchten Patienten vorliegt. Einige Patienten zeigten allerdings den Probanden vergleichbare Stimulationswerte.

Eine Überaktivität dopaminerger Rezeptoren läßt sich jedoch nicht bei allen Formen schizophrener Erkrankungen nachweisen. Man findet sie vor allem bei Patienten mit paranoid-halluzinatorischer Symptomatik. In diesem Zusammenhang verdienen die Befunde psychiatrischer Untersuchungen an Patienten mit chronischem Amphetaminmißbrauch Beachtung. Bei diesen Patienten werden an präsynaptischen Neuronenendigungen im ZNS vermehrt DA und NA freigesetzt. Es ist bemerkenswert, daß sich nach chronischem Amphetaminmißbrauch stets nur eine paranoide oder paranoid-halluzinatorische nicht jedoch eine hebephrene Symptomatik oder das Bild einer Schizophrenia simplex entwickelt. Dem entspricht übrigens auch die Feststellung, daß Apomorphin nicht zu einer Verstärkung schizophrener "Minussymptomatik" führt (Matussek 1982).

Diese Befunde werden auch durch verschiedene andere Untersuchergruppen bestätigt, die ebenfalls bei akut unbehandelten Patienten eine erhöhte STH-Sekretion beschrieben (Pandey et al. 1977; Ackenheil et al. 1983; Cleghorn et al. 1983 und Zemlan et al. 1986, Tabelle 1).

Im Gegensatz zu den meist eindeutigen Unterschieden zwischen akuten produktiv psychotischen Patienten und gesunden Probanden konnte der Apomorphintest in unserer Untersuchung nicht zwischen chronisch schizophrenen Patienten mit vorwiegender "Minussymptomatik" und gesunden Probanden differenzieren. Lediglich Patienten mit langjährigen chronischen Krankheitsverläufen und ausschließlich "Minussymptomatik" zeigten eine im Vergleich zu anderen schizophrenen Untergruppen und zu gesunden Probanden erniedrigte STH-Sekretion. Die kleine Anzahl von 7 Patienten in dieser Gruppe läßt allerdings keine eindeutige Interpretation zu.

Auch in der Literatur wird weitgehend übereinstimmend auf die mangelnde Differenzierbarkeit zwischen Probanden und chronisch schizophrenen Patienten durch den Apomorphintest hingewiesen (Rotrosen et al. 1976; Tamminga et al. 1977; Pandey et al. 1977; Rotrosen et al. 1978 a und b; Meltzer et al. 1981; Ferrier et al. 1984, Zemlan et al. 1986).

In diesem Zusammenhang war zu klären, inwieweit nicht bereits das häufig höhere Lebensalter bei langjährigen, d.h. chronischen Krankheitsverläufen zu einer Verminderung der STH-Sekretion führt und damit möglicherweise höhere Sekretionsergebnisse als Ausdruck einer vermehrten dopaminergen Rezeptorempfindlichkeit verschleiert werden. Eine signifikante Beziehung zwischen Krankheitsdauer, Lebensalter und der Höhe der STH-Sekretion nach Apomorphin ließ sich jedoch nicht nachweisen. Meltzer (1984) beschrieb bei schizophrenen Patienten mit einer Krankheitsdauer < 4 Jahre eine gegenüber Kontrollen um 150% und gegenüber Patienten mit einer Krankheitsdauer > 4 Jahre um 300% erhöhte STH-Sekretion nach Apomorphin. Dies ließ sich jedoch auf alters- und geschlechtsbedingte (Postmenopausefrauen) Einflüsse und nicht auf die Krankheitsdauer zurückführen.

Die fehlenden statistischen Beziehungen in den eigenen Untersuchungen lassen sich durch das insgesamt auch bei langjährigen Krankheitsverläufen relativ niedrige Lebensalter (von 43 Patienten war lediglich 1 Patient mit 64 Jahren älter als 60 Jahre) sowie die Beschränkung auf ausschließlich männliche Patienten erklären.

In einer weiteren Studie wurden verschiedene diagnostische Untergruppen der schizophrenen Erkrankung untersucht. Der Apomorphintest differenzierte lediglich, wie bereits erwähnt, zwischen der Gruppe der Patienten mit Residualsymptomatik mit einer deutlich verminderten STH-Sekretion und hebephrenen bzw. paranoiden schizophrenen Patienten. Die verminderte STH-Sekretion bei dieser - allerdings kleinen - Patientengruppe könnte auf eine reduzierte Empfindlichkeit dopaminerger Rezeptoren bei Patienten mit ausschließlicher "Minussymptomatik" hinweisen.

Zu ähnlichen Ergebnissen kommen Ferrier et al. (1984), die bei 15 männlichen, chronisch schizophrenen Patienten mit dominierender "Minussymptomatik" eine gegenüber akuten schizophrenen Patienten verminderte STH-Sekretion nach Stimulation mit 0.75 mg Apomorphin beobachteten.

Für diese Hypothese würde auch die Tatsache sprechen, daß NL bei Patienten mit dieser Symptomatik häufig keine ausreichende therapeutische Wirkung zeigen, während ein guter klinischer Erfolg meist bei Patienten mit ausgeprägter paranoid-halluzinatorischer Symptomatik, bei der eine dopaminerge Überaktivität vermutet wird, erzielt werden kann.

Dieser Unterschied zwischen Patienten mit sogenannter "positiver" und "negativer" Symptomatik veranlaßte Crow (1982) zur Fomulierung des Typ-I- und Typ-II-Syndroms. Auch Untersuchungen von Le Fur et al. (1983) bestätigen die Bedeutung dieser Hypothese. Diese Arbeitsgruppe konnte nämlich nachweisen, daß paranoid-halluzinatorische Schizophrene eine signifikant höhere Anzahl von DA-Bindungsstellen an Lymphozyten und schizophrene Patienten mit einer "Minussymptomatik" signifikant weniger DA-Bindungsstellen als Kontrollen aufwiesen.

Da auch Parkinsonpatienten ähnlich verminderte Rezeptorzahlen (Le Fur et al. 1983) zeigen, ist dieses Ergebnis nicht spezifisch für Residualschizophrenien. Die zum Teil mangelnden Unterschiede zwischen gesunden Probanden und einzelnen Krankheitsgruppen lassen sich damit erklären, daß in dieser Teilstudie diagnostische Subgruppen unabhängig von der aktuellen Psychopathologie verglichen wurden.

Ergebnisse des Apomorphintests bei anderen psychiatrischen Erkrankungen liefern kein einheitliches Bild. So berichteten Meltzer et al. (1984) über fehlende signifikante Unterschiede in der STH-Sekretion nach Stimulation mit 0.75 mg Apomorphin s.c. zwischen gesunden Kontrollen, depressiven, schizoaffektiven und manischen Patienten, wobei allerdings die STH-Sekretion bei einigen manischen Patienten deutlich höher als bei gesunden Kontrollen und depressiven Patienten lag.

Auch Garver et al. (1975) fanden bei manischen Patienten eine höhere STH-Sekretion nach Apomorphingabe im Vergleich zu Kontrollen. In dieser Untersuchung war allerdings die Patientenzahl sehr klein und der statistische Unterschied nicht signifikant.

Tabelle 22. Intraindividuelle Variation der NA- und A-Plasmaspiegel (pg/ml) bei gesunden männlichen Probanden an 5 Untersuchungstagen

Nr.	1	2	3	4	5	6	7	8	9	10	11	12
	115	91	372	321	138	186	287	162	148	110	179	315
	220	89	165	237	150	171	221	220	213	231	213	218
NA	190	92	256	280	174	204	346	137	178	152	90	151
	216	128	236	367	144	186	344	202	241	195	113	259
	121	119	193	410	155	143	262	188	200	186	100	180
	43	35	11	27	30	18	17	14	13	13	6	26
	12	26	16	20	20	15	14	13	13	14	6	16
A	8	48	11	34	23	23	20	14	7	19	5	12
	40	20	14	34	27	14	47	15	10	10	6	19
	14	29	43	37	45	12	28	14	9	20	5	16

Tabelle 23. Intraindividuelle Variation der NA- und A-Plasmawerte (pg/ml) bei schizophrenen Patienten mit produktiv psychotischer Symptomatik

Nr.	Diagnose (ICD-9)	NA pg/ml	A pg/ml
1	295.1	274	130
		310	68
		285	54
2	295.4	186	74
		145	59
		123	38
3	295.3	238	20
		172	42
		173	17
4	295.4	190	37
		276	85
		207	52
5	295.1	109	23
		77	19
		69	19
6	295.3	282	24
		135	27

Im Unterschied dazu beobachteten Ansseau et al. (1987) eine geringere STH-Sekretion nach Apomorphin bei manischen Patienten.

Dagegen fand die Mehrzahl der Autoren keine Gruppenunterschiede nach Stimulation mit Apomorphin zwischen Patienten mit einer "major depression" (RCD) und gesunden Kontrollen (Frazer 1975; Casper et al. 1977; Maany et al. 1979; Jimerson et al. 1984; Corn et al. 1984; Tabelle 2). Lediglich eine Untersuchergruppe konnte eine verminderte STH-Sekretion gegenüber gesunden Kontrollen nachweisen (Ansseau et al. 1984, 1987).

Zusammengefaßt machen diese Befunde deutlich, daß der Apomorphintest nicht eindeutig zwischen unterschiedlichen psychiatrischen Erkrankungen differenzieren kann, d.h. *keine nosologische Spezifität* besitzt. Dagegen finden sich jedoch signifikante Unterschiede zwischen akuten, produktiv psychotischen schizophrenen Patienten und gesunden Kontrollen bzw. schizophrenen Patienten mit einer Residualsymptomatik. Dies läßt auf eine höhere dopaminerge Rezeptorempfindlichkeit im hypothalamohypophysären System bei schizophrenen Patienten mit klinisch ausgeprägten paranoid-halluzinatorischen Syndromen schließen.

3.11 Herzfrequenz, Blutdruck, Noradrenalin- und Adrenalinsekretion im Plasma bei Probanden und schizophrenen Patienten mit produktiv psychotischer Symptomatik

Zur Klärung des Einflusses unspezifischer *Streßeffekte* auf die STH-Sekretion einerseits sowie zur Untersuchung peripherer katecholaminerger Aktivität andererseits, wurden kontinuierlich während der gesamten Testdauer parallel zur Blutentnahme die Herzfrequenz und der Blutdruck gemessen sowie zum Zeitpunkt t_0 die Katecholamine NA und A bestimmt.

Die *Herzfrequenz* lag vereinzelt bei Patienten mit einer paranoid-halluzinatorischen Symptomatik höher als bei Probanden. Der Blutdruck zeigte weder systolisch noch diastolisch signifikante Unterschiede. Unter der höchsten Apomorphindosis (0.012 mg/kg s.c.) fiel bei der Mehrzahl der Patienten und Probanden, jedoch ohne signifikante Gruppenunterschiede, die Herzfrequenz vorübergehend leicht ab (4-8/min). Der Blutdruck sank lediglich vereinzelt geringgradig ab. Die Höhe der NA-Plasmaspiegel unterschied sich nicht signifikant, dagegen lagen die A-Plasmaspiegel bei produktiv psychotischen Patienten gegenüber gesunden Probanden vor Gabe von Dosis A (0.003 mg/kg s.c.) bzw. Dosis B (0.006 mg/kg s.c.) signifikant höher.

Dosis A: 38,2 ± 21,9 vs. 20,9 ±   12   pg/ml; U-Test: $p < 0,05$;
Dosis B: 30,5 ± 17,8 vs. 16,3 ±   7,2   pg/ml; U-Test: $p < 0,05$;
Dosis C: 24,0 ± 11,9 vs. 14,5 ±   7,1   pg/ml;   n.s.

In den Tabellen 22 und 23 sind die Ausgangswerte (t_0) von NA und A bei gesunden Probanden (Tabelle 22) und schizophrenen Patienten mit produktiv psychotischer Symptomatik (Tabelle 23) zusammengefaßt.

Bei beiden Gruppen lagen vergleichbare Streuungen der Einzelwerte bei wiederholten Untersuchungen unter konstanten experimentellen Randbedingungen (gleicher Abnahmezeitpunkt, liegend, Intervall zwischen Venenpunktion und Katecholaminbestimmung 30 min, keine medikamentöse Vorbehandlung) vor. Bei Patient Nr. 1 (Tabelle 23) war die A-Sekretion zum Zeitpunkt t_0 mit 130 pg/ml deutlich erhöht. Die NA-Sekretion lag mit 274 pg/ml dagegen im Normbereich.

3.11.1 Diskussion

Ausgangsbasis für die Erweiterung der Dopaminhypothese zur Katecholaminhypothese (Matussek 1982) der Schizophrenie waren die Befunde, daß NL und Amphetamine sowohl auf das *dopaminerge* als auch auf das *noradrenerge* System einwirken sowie Untersuchungen im Plasma, Liquor cerebrospinalis und Hirngewebe vor allem paranoid-halluzinatorischer Patienten mit erhöhten Konzentrationen von NA (Ackenheil et al. 1979; Kemali et al. 1982; Bondy et al. 1984; Kleinman et al. 1985).

In den eigenen Untersuchungen lag die Herzfrequenz vereinzelt bei Patienten mit einer paranoid-halluzinatorischen Symptomatik höher als bei Probanden. Der Blutdruck zeigte dagegen weder systolisch noch diastolisch signifikante Gruppenunterschiede. Die Höhe der NA-Plasmaspiegel unterschied sich nicht signifikant zwischen Probanden und Patienten.

Dagegen lagen die A-Plasmaspiegel in zwei Untersuchungen bei produktiv psychotischen Patienten gegenüber gesunden Kontrollen signifikant höher. Dies darf aber nicht überbewertet werden, da sie mit Ausnahme von einem Patienten alle noch in den für Probanden berechneten Normbereichen lagen.

Andererseits können die im Gruppenunterschied zum Teil bei schizophrenen Patienten erhöhten Adrenalinspiegel auf eine Zunahme der Angstsymptomatik hinweisen, da in bestimmten angstinduzierenden Situationen A in Relation zu NA empfindlicher reagieren soll (Dimsdale und Moss 1980).

Bei wiederholten Messungen unter weitgehend gleichen experimentellen Randbedingungen waren bis auf wenige Ausnahmen deutliche Streuungen der Einzelwerte von NA und A sichtbar. Warum nun bei diesen Untersuchungen, im Gegensatz zu verschiedenen anderen Autoren, im Bereich der Norm liegende NA-Plasmaspiegel ermittelt wurden, läßt sich nicht eindeutig beantworten.

Verschiedene Erklärungsmöglichkeiten bieten sich an. Alle Untersuchungen wurden liegend durchgeführt. Die Messung der Katecholaminspiegel erfolgte während einer absoluten Ruhephase, abgeschirmt von Außenreizen, 30 min nach Venenpunktion. In der Literatur werden dagegen unterschiedliche Meßzeitpunkte unter unterschiedlichen experimentellen Bedingungen, z.b. im Rahmen von Streßuntersuchungen (Ackenheil et al. 1979), berichtet.

Weitere Einflußfaktoren liegen in der unterschiedlichen Bestimmungsmethodik, z.b. radioenzymatisch, gaschromatographisch bzw. hochdruckflüssigkeitschromatographisch.

Eine medikamentöse Vorbehandlung mit NL führt ebenfalls zu ausgeprägt hohen NA-Plasmaspiegeln. Katecholaminplasmaspiegel werden darüber hinaus durch eine Vielzahl von Faktoren beeinflußt, die nicht immer klar abgegrenzt werden können, z.b. durch den Konsum koffeinhaltiger Nahrungsmittel bzw. von Nikotin in den 12 Stunden vor der Untersuchung, ebenso durch kohlenhydratreiche bzw. salzhaltige Nahrungsmittel, Bananen, Diuretika, Alter, Geschlecht, Tageszeit sowie durch körperliche Erkrankungen wie Lungen-, Nieren-, Schilddrüsen- und Herzdysfunktionen (Überblick: Lake und Ziegler 1985).

Die Auflistung dieser Einflußgrößen verdeutlicht, wie schwierig im Einzelfall die Vermeidung aller Störfaktoren sein kann. Auch spielt die akutelle emotionale Bewertung der jeweiligen Untersuchungssituation eine wichtige Rolle. Außerdem ist zu berücksichtigen, daß keineswegs alle Autoren über erhöhte NA-Plasmaspiegel bei schizophrenen Patienten berichten (Castellani et al. 1982).

In den hier vorgelegten Untersuchungen konnte keine wesentliche Erhöhung des Sympathikotonus bei paranoid-halluzinatorischen Patienten nachgewiesen werden. Dies bedeutet jedoch noch keine Relativierung der Noradrenalinhypothese der Schizophrenie, da peripher gemessene erhöhte Katecholaminspiegel vermutlich primär als Ausdruck einer ängstlichen, z.T. ängstlich-paranoidhalluzinatorischen Symptomatik anzusehen sind und keine nosologische Spezifität besitzen.

3.12 STH- und PRL-Sekretion nach Apomorphin unter Langzeitneurolepsie und in der Absetzperiode

Um zu beurteilen, ob eine langjährige DA-Rezeptorblockade durch Behandlung mit NL möglicherweise zu Adaptationseffekten im hypothalamohypophysären-System führt, d.h. zu einer normalen PRL- und STH-Sekretion im Gegensatz zu der verminderten STH-Sekretion nach NL-Kurzzeitbehandlung, bzw. ob Reboundphänomene im Sinne überschießender STH-Sekretionen nach dem Absetzen auftreten und ob eine Beziehung zwischen neuroendokrinologischen und psychopathologischen Veränderungen insbesondere in der Absetzperiode vor-

Tabelle 24. Apomorphin (0.5 mg s.c.) -induzierte STH-Sekretion (AUC, ng/ml x 120 min)unter neuroleptischer Langzeitmedikation (Tag0) und nach 12-(Tag12)- und 30-(Tag30)-tägigem Absetzen bei chronisch schizophrenen Patienten

Nr.	Geschlecht	Alter (Jahre)	Dauerder NL-Therapie (Jahre)	letzte NL-Tagesdosis (CPE)	STH-Tag0 bas ng/ml	AUC ng/mlx120min	STH-Tag12 bas ng/ml	AUC ng/mlx120min	STH-Tag30 bas ng/ml	AUC ng/mlx120min
1	m	34	17	200	1.59	162	1.26	208	1.45	536
2	m	38	10.5	631	3.54	259	1.43	384	≤0.88	294
3	m	54	15.5	414	≤0.78	342	≤1.33	318	≤0.35	142
4	m	32	3.5	75	0.94	1017	≤1.08	1684	≤0.8	1836
5	m	48	20.0	1800	0.69	84	≤0.89	520	≤0.65	73
6	m	29	6.0	2322	0.49	74	≤0.4	263	≤0.2	76
7	m	49	11.5	599	0.79	92	≤0.81	484	≤0.74	85
8	m	25	2.5	684	0.66	751	≤0.78	1851	≤0.89	2156
9	m	37	17.5	9683	0.84	105	0.78	507	1.0	1135
x̄		38.4	10.4	1823.1	1.1	320.6	0.9	691.0*	0.7	703.6
s		9.8	6.2	3029.7	0.9	338.2	0.3	621.2	0.3	811.1

CPE Chlorpromazineinheiten, Umrechnung nach Davis und Cole 1975.

SD (2) Spätdyskinesien

*STH-Peak Tag12 signifikant höher als am Tag0 (p=0.013)

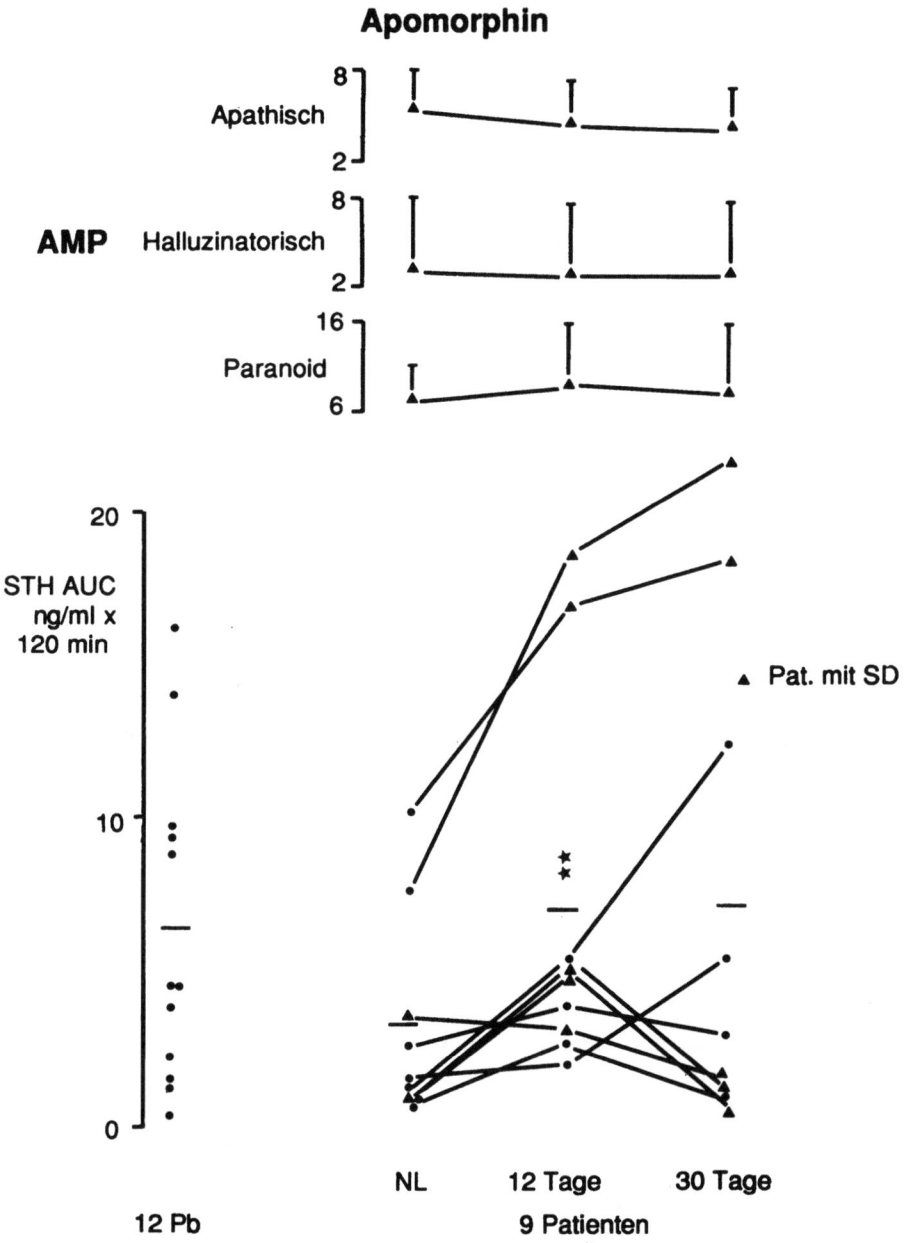

Abb. 14. STH-AUC-Einzelverläufe (ng/ml x 120 min) nach Stimulation mit Apomorphin 0.5 mg s.c. unter NL-Langzeittherapie sowie nach einer 12 und 30tägigen Absetzperiode im Vergleich zu psychopathologischen Veränderungen
STH-AUC unter NL vs. Tag12 ohne NL: p = 0.013
SD Spätdyskinesien

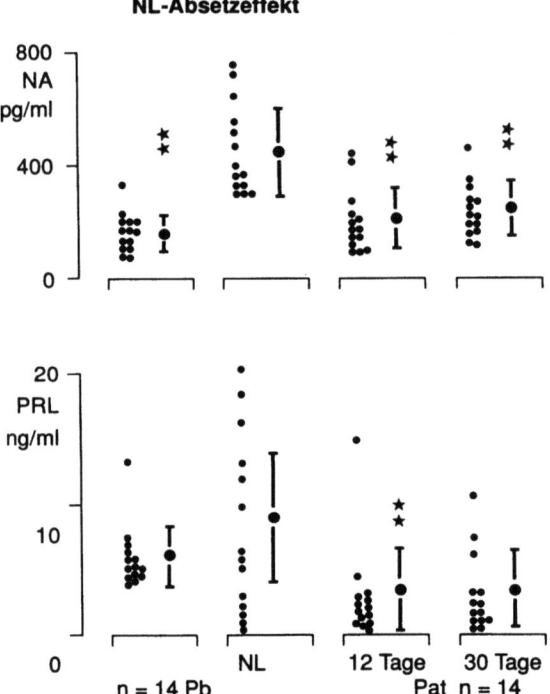

NL-Absetzeffekt

Abb. 15. NA-Plasma- und PRL-Serumspiegel unter NL-Langzeittherapie sowie nach einer 12 und 30 tägigen Absetzperiode

PRL unter NL vs. Tag 12 ohne NL:	$p = 0.011$
PRL unter NL vs. Tag 30 ohne NL:	$p = 0.0049$
NA unter NL vs. NA Probanden:	$p = 0.000$
NA unter NL vs. NA Tag 12:	$p = 0.0001$

liegt, wurden 14 männliche *schizophrene* Patienten im Durchschnittsalter von 39.2 ± 10.1 Jahre (25 - 54) unter NL-Langzeitbehandlung sowie nach einer 12- und 30tägigen Absetzperiode mit Apomorphin (0.5 mg s.c.) stimuliert.

Als Vergleichsstichprobe wurden 14 männliche altersentsprechende gesunde *Probanden* (Durchschnittsalter 38.7 ± 6.1 Jahre, 23 - 54) nach Gabe der gleichen Dosis Apomorphin untersucht.

Neuroendokrinologisch wurde STH, PRL und NA gemessen. In die Auswertung konnten lediglich 9 Patienten einbezogen werden (Tabelle 24). Bei 3 Patienten lagen die Ausgangswerte (t_0) höher als 5 ng/ml, bei 2 weiteren Patienten fanden sich erhöhte Basalwerte nach der 12tägigen Absetzperiode. Die durchschnittliche NL-Tagesdosis vor der Untersuchung lag bei 1823.1 ± 3029.7 CPE (75 bis 9683).

STH: Die STH-AUC-Sekretion nach Apomorphingabe ist unter NL-Behandlung gegenüber einer 12tägigen Absetzphase (Abb. 14) signifikant reduziert (p = 0.013), bleibt auch nach 30 Tagen im *Mittelwert* weitgehend unverändert (Tabelle 24) und unterscheidet sich nicht wesentlich von der STH-Sekretion einer altersentsprechenden Probandenstichprobe (701 ± 587 ng/ml x 120 min). Die *STH-Basalwerte* differieren insgesamt nur unwesentlich. Signifikante Beziehungen zwischen *neuroendokrinologischen* und *psychopathologischen* Veränderungen (Abb. 14) bzw. *extrapyramidalen* Nebenwirkungen lassen sich nicht ermitteln.

Unter NL-Therapie liegen bei 2 Patienten *Spätdyskinesien* (SD) vor, nach 12 bzw. 30 Tagen ohne NL bei 6 bzw. 7 Patienten (Tabelle 24). Die *Einzelanalyse* der Daten zeigt, daß lediglich 2 Patienten mit Spätdyskinesien am Tag 12 auch erhöht STH stimulieren (Abb. 14).

PRL: Die PRL-Sekretion (t_0) liegt unter NL-Langzeittherapie im Normbereich (8 ± 2.1 ng/ml, Abb.15) und zeigt damit *keine* signifikanten Unterschiede zu gesunden, altersentsprechenden Kontrollen (5.95 ± 2.1 ng/ml). 12 Tage nach Absetzen der NL sank der PRL-Spiegel signifikant ab (3.23 ± 3.36 ng/ml, p = 0.01) und blieb dann am Tag 30 unverändert (3.21 ± 2.71 ng/ml, Abb. 15).

NA: Im Gegensatz dazu sind die NA-Plasmaspiegel unter NL-Langzeittherapie gegenüber gesunden altersentsprechenden Kontrollen signifikant erhöht (452.9 ± 157 pg/ml vs. 182.2 ± 63 pg/ml, p = 0.000), fallen nach 12 Tagen ohne NL signifikant ab (206 ± 102.4 pg/ml, p = 0.0001) und bleiben am Tag 30 weitgehend unverändert (243.3 ± 94.2 pg/ml, Abb. 15).

3.12.1 Diskussion

Neuroendokrinologische Untersuchungen bieten eine gute Möglichkeit, die Beeinflussung peripherer und zentral gelegener dopaminerger und alpha-adrenerger Rezeptorsysteme durch NL zu überprüfen.

So induzieren diese Pharmaka zum einen über die Blockade peripherer dopaminerger Rezeptoren im tuberoinfundibulären System einen Anstieg der PRL-Serumspiegel, die während einer dreiwöchigen Behandlungsdauer unverändert bleiben und nach einer 5tägigen Absetzperiode wieder signifikant abfallen (Ackenheil 1981).

Zum anderen bewirken sie über die Blockade zentraler dopaminerger Rezeptoren im hypothalamohypophysären System eine Suppression der STH-Sekretion, die nach einer 3wöchigen Behandlungsdauer nahezu vollständig ausgeprägt ist und auch nach einer 5tägigen Absetzphase weiterhin, wenn auch in geringerem Maße, nachweisbar bleibt (Nedopil et al. 1984).

Während in der Literatur in einer Fülle von Veröffentlichungen die Effekte einer kurzzeitigen NL-Behandlung auf endokrine Systeme ausführlich diskutiert wurden, finden sich nur wenige neuroendokrinologische Untersuchungen über die Folgen einer langjährigen DA-Rezeptorblockade im hypothalamohypophysären System. Dies ist um so erstaunlicher als bei ca. 60 % aller schizophrenen Patienten eine mehrjährige Behandlungdauer, sei es im Sinne einer symptomsuppressiven oder einer rezidivprophylaktischen Therapie, erforderlich ist.

Der Vergleich der Reagibilität der 3 topographisch unterschiedlichen Dopaminsysteme, nämlich des mesokortikalen- bzw. mesolimbischen Systems, in dem die antipsychotische Wirkung der NL vermutet wird, des nigrostriären Systems, das an der Kontrolle der Motorik beteiligt ist sowie des tuberoinfundibulären Systems, das die Sekretion hypophysärer Hormone beeinflußt, ist dabei aus folgenden Gründen von Bedeutung:

Eine langfristige Therapie mit NL führt bei ca. 15 - 25 % der Patienten zur Entwicklung hyperkinetischer Syndrome, d.h. zu Spätdyskinesien (Gerlach 1979; Klawans et al. 1980), für die als pathophysiologisches Modell am ehesten eine kompensatorische Entwicklung einer Überaktivität postsynaptischer DA-2-Rezeptoren als Reaktion auf eine langdauernde Rezeptorblockade (Burt et al. 1977; Muller und Seeman 1978) angenommen wird. Die fortfallende Blockade durch NL erklärt damit auch den Befund, daß Spätdyskinesien häufig erst nach Absetzen oder Reduktion eine langjährigen NL-Behandlung manifest werden.

Unter der Annahme einer einheitlichen Sensitivitätsänderung aller dopaminerger Rezeptoren in den unterschiedlichen Systemen, die durch NL blockiert werden, wären bei Entwicklung einer postsynaptischen Überempfindlichkeit das gleichzeitige Auftreten von Spätdyskinesien, eine Exazerbation der schizophrenen Symptomatik im Sinne einer "dopaminergic supersensitivity psychosis" (Chouinard und Jones 1980) sowie eine deutlich verminderte PRL- bzw. erhöhte STH-Sekretion nach Apomorphinstimulation zu erwarten.

Die eigenen Ergebnisse konnten weder bei Mittelwertvergleichen noch bei Einzelanalysen wesentliche Beziehungen zwischen Spätdyskinesien (1 Patient unter Langzeittherapie, 6 Patienten nach 12tägiger und 7 Patienten nach 30tägiger Absetzphase), die im allgemeinen geringgradig ausgeprägt waren und sich bevorzugt als buccolinguomastikatorisches Syndrom (Wöller und Tegeler 1983) manifestierten, psychopathologischen Veränderungen, die auch in der Absetzphase meist sehr gering waren, und neuroendokrinen Ergebnissen nachweisen. Lediglich 2 Patienten, die nach 12 Tagen Absetzperiode erstmals ein hyperkinetisches Syndrom entwickelten, stimulierten STH geringfügig höher als gesunde Probanden, allerdings war der STH-Anstieg im Vergleich zur Sekretion unter NL-Therapie deutlich ausgeprägt.

7 von 9 Patienten stimulierten nicht STH unter Langzeittherapie und zeigten damit eine der Kurzzeittherapie vergleichbare Suppression der STH-Sekretion. Lediglich jene 2 Patienten mit der höchsten STH-Sekretion nach Apomorphin in der Absetzperiode, stimulierten bereits deutlich STH unter Langzeit-NL-Behandlung.

Der signifikante STH-Anstieg nach der 12tägigen NL-Absetzphase weist jedoch nicht auf die Entwicklung einer dopaminergen Überempfindlichkeit des hypothalamohypophysären Systems hin, da diese Werte keinen signifikanten Unterschied zu den Stimulationsergebnissen von gesunden Probanden zeigen (Müller-Spahn et al. 1984).

Bemerkenswert ist jedoch die rasche Rückkehr zu einer normalen Stimulationsfähigkeit in Anbetracht der Tatsche, daß die vorausgehende neuroleptische Behandlungsdauer und damit DA-Rezeptorblockade zwischen 2.5 und 20 Jahren lag.

Eine signifikante Beziehung zwischen STH-Sekretionshöhe und Zeitdauer der Erkrankung lag nicht vor.

Im Gegensatz zu der im allgemeinen verminderten STH-Stimulation unter NL-Therapie, als Ausdruck der zentralen DA-Rezeptorblockade, lagen die PRL-Werte im Normbereich, d.h. zeigten nach langjähriger Therapie im Unterschied zu einer mehrmonatigen Behandlung mit deutlich erhöhten Serumspiegeln eine Toleranzentwicklung und bestätigen damit die Befunde von Kolakowska et al. (1976) und Naber et al. (1980).

Eine Entleerung der lactotrophen Zellen als Ursache der im Vergleich zur Kurzzeittherapie verminderten PRL-Sekretion ist unwahrscheinlich, da in einer früheren Studie bei einer vergleichbaren Stichprobe normale PRL-Spiegel nach Stimulation mit Thyreotropin-Releasing-Hormone berichtet wurden (Naber et al. 1980).

Der signifikante Abfall der PRL-Sekretion nach einer 12tägigen NL-Absetzphase ließe sich mit einer kurzfristigen Überempfindlichkeitsentwicklung dopaminerger Rezeptoren im tuberoinfundibulären System erklären, wobei dieser Effekt 18 Tage später bereits wieder eine rückläufige Tendenz zeigte.

Diese Befunde bestätigen, daß die topographisch unterschiedlichen DA-Systeme, auch wenn im wesentlichen die gleiche Rezeptorklasse (DA-2) durch die NL beeinflußt wird, *nicht* gleichförmig reagieren, weder hinsichtlich des Zeitpunktes noch im Hinblick auf die Entwicklung einer Überempfindlichkeit.

4 Einfluß von Clonidin auf die Wachstumshormon- (STH-) Sekretion bei gesunden Probanden und schizophrenen Patienten

4.1 STH-Sekretion bei Probanden, akut und chronisch schizophrenen Patienten

Zur Klärung der Frage, inwieweit nicht nur das dopaminerge sondern auch das noradrenerge System an der Pathophysiologie der Schizophrenie beteiligt ist, wurden nach Stimulation mit Clonidin (0.15 mg i.v.) folgende Probanden- und Patientenstichproben untersucht:

Probanden: 26 gesunde Probanden (19 männliche Probanden mit einem Durchschnittsalter von 41.4 ± 12.8 Jahre, 26 - 64; 7 weibliche gesunde Probanden mit einem Durchschnittsalter von 26.4 ± 7.4 Jahre, 20 - 28).

Akute Patienten: 15 schizophrene Patienten mit produktiv psychotischer Symptomatik (8 männliche Patienten mit einem Durchschnittsalter von 30.3±5.2 Jahre, 23 - 40; 7 weibliche Patienten mit einem Durchschnittsalter von 27.1±6.8 Jahre, 18 - 40; Diagnose nach ICD-9: 295.3 (n=10); 295.2 (n=3); 295.1 (n = 2).

Psychopathologisch dominierte bei den akuten Patienten ein paranoid-halluzinatorisches Syndrom mit einer Gesamtdauer von 2 Wochen bis zu 6 Monaten. Die Patienten waren mindestens 4 Wochen vor der Untersuchung nicht mit NL behandelt.

Chronische Patienten: 17 männliche schizophrene Patienten mit chronischem Krankheitsverlauf und einem Durchschnittsalter von 48.2±11.9 Jahren (26 - 63).

Psychopathologisch stand eine Residualsymptomatik mit Affektverflachung, Antriebsverarmung und sozialem Rückzug im Vordergrund. Die Krankheitsdauer lag bei durchschnittlich 20.2 ± 12.3 Jahre (5 - 34). Diese Patientengruppe war 12 Tage vor der Untersuchung ohne NL-Therapie. Die durchschnittliche neuroleptische Behandlungsdauer betrug 16.5 ± 6.8 Jahre (5 - 26).

STH: Die STH-Sekretion zeigt bei allen Gruppen eine ausgeprägte *Variabilität*, jedoch ohne signifikante Gruppenunterschiede (Abb. 16):

Männliche Probanden (n = 19):   610 ± 606 ng/ml x 120 min (51 - 2184)
Weibliche Probanden (n = 7):   333 ± 177 ng/ml x 120 min (73 - 562)
Männliche schizophrene Patienten mit
  akuter Symptomatik (n = 8):   1142 ±1103 ng/ml x 120 min (69 - 3186)
Weibliche schizophrene Patienten mit
  akuter Symptomatik (n = 7):   1056 ±1047 ng/ml x 120 min (76 - 3180)
Männliche schizophrene Patienten
  chronisch (n = 17):   319 ± 455 ng/ml x 120 min (24 - 1353)

Der im Vergleich zu Probanden deutlich erhöhte *STH-AUC-Mittelwert* bei akut schizophrenen Patienten läßt sich durch die sehr hohen Stimulationseffekte zweier Patienten erklären (Abb. 16). Signifikante Beziehungen zwischen den psychopathologischen Meßwerten und der Höhe der STH-Sekretion, als Ausdruck der alphaadrenergen Rezeptorempfindlichkeit in diesem System, wurden nicht ermittelt. Jene beiden akuten Patienten mit den sehr hohen STH-Stimulationsergebnissen wurden antipsychotisch mit Haloperiodol bzw. Trifluoperazin

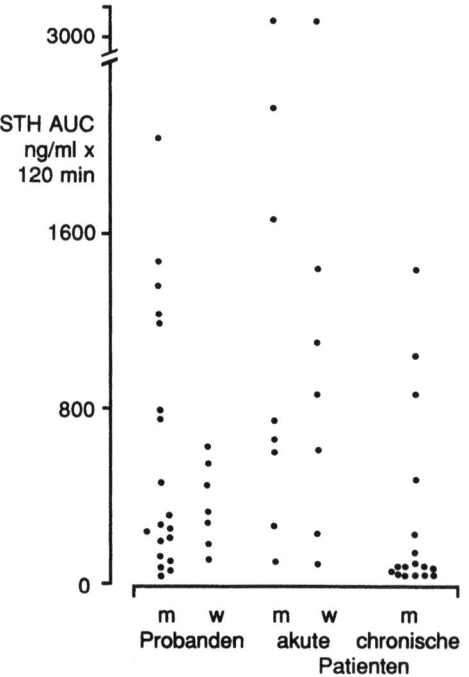

Abb. 16. STH-AUC-Einzelverläufe (ng/ml x 120 min) von gesunden Probanden sowie von akuten und chronisch schizophrenen Patienten nach Stimulation mit Clonidin
m männlich w weiblich

behandelt, dabei zeigt der männliche Patient nach 5 Wochen eine gute Remission (Haloperidoltherapie), die Patientin dagegen nach 5 Wochen lediglich eine Teilremission (Trifluoperazintherapie).

Da zyklusabhängige Einflüsse auf die STH-Sekretion in der Literatur mit einer Verminderung während der Mensis beschrieben wurden (Matussek et al. 1984), wurde der *Zyklustag* bzw. die *Zykluslänge* dokumentiert.

Die Untersuchung der weiblichen Patienten wurde zwischen dem 8. und 21. Zyklustag durchgeführt.

Die Patientin mit dem hohen Stimulationseffekt wurde am 19. Zyklustag bei einer 30tägigen Zyklusdauer (keine hormonellen Kontrazeptiva) untersucht.

Nebenwirkungen: An Nebenwirkungen wurde subjektiv von allen Probanden und Patienten über Müdigkeit und Mundtrockenheit berichtet, objektiv läßt sich bei allen Untersuchten vorübergehend ein Blutdruckabfall sowie bei der Mehrzahl auch vorübergehend ein Pulsabfall beobachten. Stärke und Dauer der Nebenwirkungen stehen jedoch in keinerlei Beziehungen zur STH-Sekretion.

4.2 Diskussion

4.2.1 Zusammenhang zwischen psychopathologischen und neuroendokrinologischen Befunden

Da viele Befunde unterschiedlicher Forschungsstrategien wie Rezeptorbindungsstudien, psychophysiologische Untersuchungen, Konzentrationsmessungen der Katecholamine vor allem im Hirngewebe sowie pharmakologische Experimente über den Wirkmechanismus psychoseinduzierender Substanzen wie Amphetamine bzw. psychosehemmender Psychopharmaka wie NL, auf eine wichtige Rolle noradrenerger Systeme in der Pathophysiologie der Schizophrenie hinweisen, wurde die Empfindlichkeit zentral gelegener alphaadrenerger Rezeptoren mit Hilfe des Alpha-2-Rezeptoragonisten Clonidin untersucht.

Syndromebene: In eigenen Untersuchungen ließen sich keine signifikanten Beziehungen zwischen der Höhe der einzelnen Psychopathologiemeßwerte bei schizophrenen Patienten und der STH-Sekretion nach Clonidingabe darstellen, bzw. wurden ebensowenig in der Literatur beschrieben. Dies ist aufgrund der ohnehin nur vereinzelten Unterschiede zwischen Patienten und Probanden sowie aufgrund der hohen Variabilität der Stimulationsergebnisse nicht überraschend. Darüber hinaus sind auch hier die in der Diskussion dieser Problematik im Rahmen des Apomorphintests geäußerten methodischen Schwierigkeiten relevant.

Nosologische Ebene: Der Vergleich der clonidininduzierten STH-Sekretion zwischen gesunden Probanden, akuten schizophrenen Patienten mit einem paranoid-halluzinatorischen Syndrom sowie chronisch schizophrenen Patienten mit einer dominierenden "Minussymptomatik" führte nicht zu signifikanten Gruppenunterschieden, ebensowenig der Vergleich zwischen den verschiedenen diagnostischen Untergruppen, die allerdings zum Teil sehr klein waren. Jedoch fiel die ausgeprägte *Variabilität* der STH-Sekretion bei allen Gruppen auf, besonders aber bei den akut schizophrenen Patienten. In dieser Gruppe zeigten 2 Patienten eine sehr hohe, deutlich von den anderen Stichproben abweichende, STH-Sekretion.

Diese Befunde machen deutlich, daß bei akut schizophrenen Patienten mit einem paranoid-halluzinatorischen Syndrom im Vergleich beider Systeme primär eine Störung im dopaminergen Bereich anzunehmen ist, wie dies auch mit dem Apomorphintest nachgewiesen werden konnte, und lediglich in Einzelfällen eine Überempfindlichkeit alphaadrenerger Rezeptoren im hypothalamohypophysären Bereich vorliegt.

Gemessen an der Bedeutung der Fragestellung und der zunehmenden Fülle von Publikationen über Ergebnisse des Apomorphintests ist die Zahl der Veröffentlichungen über Befunde des Clonidintests bei schizophrenen Patienten sehr gering. Lediglich zwei Studien gingen dieser Fragestellung nach. Matussek et al. (1980) berichteten ebenfalls bei einzelnen akut schizophrenen Patienten über eine höhere Alpha-2-Rezeptorempfindlichkeit im hypothalamohypophysären System. Dagegen fanden Lal et al. (1983) bei chronisch schizophrenen Patienten keine deutlich abweichenden Befunde.

Der Clonidintest wurde in Übereinstimmung mit den wenigen anderen Untersuchungen bei schizophrenen Patienten in der Literatur mit einer Dosierung von 0.15 mg i.v. durchgeführt, um einen Vergleich der Daten zu ermöglichen. Auf die Stimulation mit unterschiedlichen Dosierungen - analog zum Apomorphintest - wurde aus zwei Gründen verzichtet.

Erstens weisen, wie bereits erwähnt, die Befunde des Clonidintests primär auf eine Funktionsstörung alphaadrenerger Rezeptoren bei *depressiven* Erkrankungen hin.

Zweitens ist eine mehrmalige Durchführung des Clonidintests in kurzen Zeitabständen - wie dies bei akut psychotischen Patienten aufgrund der Behandlungsbedürftigkeit notwendig ist - durch die schlechtere Verträglichkeit von Clonidin, im Gegensatz zu Apomorphin, erheblich erschwert.

Ergebnisse des Clonidintestes bei *anderen psychiatrischen Erkrankungen* weisen auf eine deutlich veränderte Alpha-2-Rezeptorempfindlichkeit hin. So wurde bei endogenen depressiven Patienten eine gegenüber Kontrollen verminderte Alpha-2-Rezeptorsensitivität sowohl in der akuten Krankheitsphase als auch im freien Intervall (Matussek 1988) beschrieben. Darüber hinaus wurden bei Patienten mit Zwangssyndromen (Siever et al. 1983) oder einer Panikerkrankung (Uhde et al. 1986), die beide häufig bei depressiven Patienten auftreten, eine ebenfalls verminderte STH-Sekretion nach Clonidingabe berichtet.

Diese Ergebnisse bestätigen die Hypothese, daß bei depressiven Erkrankungen, insbesondere der endogenen Depression, vor allem die Empfindlíchkeit alphaadrenerger Rezeptoren verändert zu sein scheint, während bei akut schizophrenen Patienten in erster Linie dopaminerge Funktionen betroffen sein dürften.

Diese Befunde verdeutlichen die Relevanz alphaadrenerger Systeme in der Pathophysiologie bestimmter psychiatrischer Erkrankungen, andererseits belegen sie aber auch die fehlende nosologische Spezifität des Clonidintests.

Außerdem ist natürlich einschränkend zu berücksichtigen, daß mit Hilfe dieses Untersuchungsverfahrens lediglich die Funktion von Alpharezeptoren in einem der vielen Systeme überprüft wird und möglicherweise Störungen in der Funktion dieser Rezeptoren primär in anderen Bereichen lokalisiert sein könnten.

4.3 STH-Sekretion nach Clonidin unter Langzeitneurolepsie und in der Absetzperiode

Analog wie bei der Untersuchung des Einflusses einer Langzeitneuroleptika-behandlung auf dopaminerge Rezeptoren im hypothalamohypophysären System wurde in dieser Studie der Effekt einer jahrelangen Blockade alphaadrenerger Rezeptoren durch Stimulation mit dem alpha-2-adrenergen Rezeptoragonisten Clonidin überprüft.

Studie 1: 11 männliche chronisch schizophrene Patienten mit einem Durchschnittsalter von 42.1 ± 9.2 Jahren (33 - 58) und einer im Vordergrund stehenden Residualsymptomatik wurden unter neuroleptischer Langzeitbehandlung (12.8 ± 5.7 Jahre, 7 - 25) und nach einer 5 tägigen Absetzperiode mit Clonidin (0.15 mg i.v.) stimuliert. Die Dauer der Psychose lag bei 14.6 ± 4.8 Jahren (9.5 - 25).

Studie 2: 20 männliche chronisch schizophrene Patienten mit einer im Vordergrund stehenden Residualsymptomatik und einem Durchschnittsalter von 48.1 ± 11.7 Jahre (26 - 63) wurden unter neuroleptischer Langzeitbehandlung (16.9 ± 6.6 Jahre, 5 - 26) und nach einer 12tägigen Absetzphase mit Clonidin (0.15 mg i.v.) stimuliert.

Probanden: Als Vergleichsstichprobe wurde bei 21 männlichen gesunden Probanden mit einem Durchschnittsalter von 43.5 ± 13.9 Jahre, (28 - 64) der Clonidintest (0.15 mg i.v.) durchgeführt. Die jeweiligen Gruppenvergleiche wurden mit altersentsprechenden Stichproben gerechnet.

Studie 1: Die basalen STH-Werte (t_0) lagen bei 2 Patienten höher als 5 ng/ml (1 Patient unter NL-Therapie, 1 Patient in der Absetzphase, die Werte nach Stimulation lagen nicht über den Ausgangswerten). Deshalb wird der NL-Absetz-

Tabelle 25. Clonidin (0.15 mg i.v.) -induzierte STH-Sekretion (AUC, ng/ml x 120 min) unter neuroleptischer Langzeitmedikation (Tag0) und nach 5 (Tag5)-tägigem Absetzen bei chronisch schizophrenen Patienten

Nr.	Geschlecht	Alter (Jahre)	Dauer der NL-Therapie (Jahre)	letzte NL-Tagesdosis (CPE)	STH-Tag0 bas ng/ml	AUC ng/ml x 120 min	STH-Tag5 bas ng/ml	AUC ng/ml x 120 min
1	m	38	16	508	0.7	73	0.6	413
2	m	34	12	830	0.3	99	0.8	142
3	m	36	7	5513	0.6	513	0.7	107
4	m	33	9	1131	0.3	36	0.6	65
5	m	44	11	783	0.4	108	0.6	84
6	m	53	9	311	0.5	54	0.8	96
7	m	44	12	1151	0.6	69	0.9	111
8	m	38	8	3713	0.5	96	0.6	2560
9	m	58	25	720	1.1	366	1.5	103
x		42	12.1	1628	0.6	157.1	0.8	409
s		8.6	5.5	1770	0.2	165.8	0.3	813.5

CPE   Chlorpromazineinheiten, Umrechnung nach Davis und Cole 1975.

Tabelle 26. Clonidin (0.15 mg i.v.)- induzierte STH-Sekretion (AUC, ng/ml x 120 min) unter neuroleptischer Langzeitmedikation (Tag0) und nach 12 (Tag12)-tägigem Absetzen bei chronisch schizophrenen Patienten

Nr.	Geschlecht	Alter (Jahre)	Dauer der NL-Therapie (Jahre)	letzte NL-Tagesdosis (CPE)	STH-Tag 0 bas. ng/ml	AUC ng/ml x 120 min	STH-Tag12 bas. ng/ml	AUC ng/ml x 120 min
1	m	53	13	1020	2.3	137	1.4	127
2	m	52	17	420	1.2	753	1.0	1050
3	m	31	13	400	2.1	1193	0.6	1112
4	m	34	9	215	1.1	108	0.2	108
5	m	27	5	170	2.4	1352	0.5	37
6	m	55	12	300	1.0	102	0.5	12
7	m	58	20	900	1.2	147	1.1	115
8	m	50	15	550	0.6	99	0.7	96
9	m	54	26	700	0.7	104	0.5	24
10	m	60	24	150	0.9	69	0.5	64
11	m	63	26	350	0.5	1655	0.7	783
12	m	52	14	600	0.6	355	0.6	118
13	m	41	12	404	0.8	89	0.3	44
14	m	56	15	420	0.8	101	0.5	136
15	m	26	9	1150	0.7	321	1.0	1353
16	m	59	26	1400	0.8	109	2.8	195
17	m	48	25	115	1.0	99	0.8	65
x̄		48.2	16.5	544.9	1.1	399.6	0.8	319.9
s		11.9	6.8	373.9	0.6	512.3	0.6	445.2

CPE   Chlorpromazineinheiten, Umrechnung nach Davis und Cole 1975.

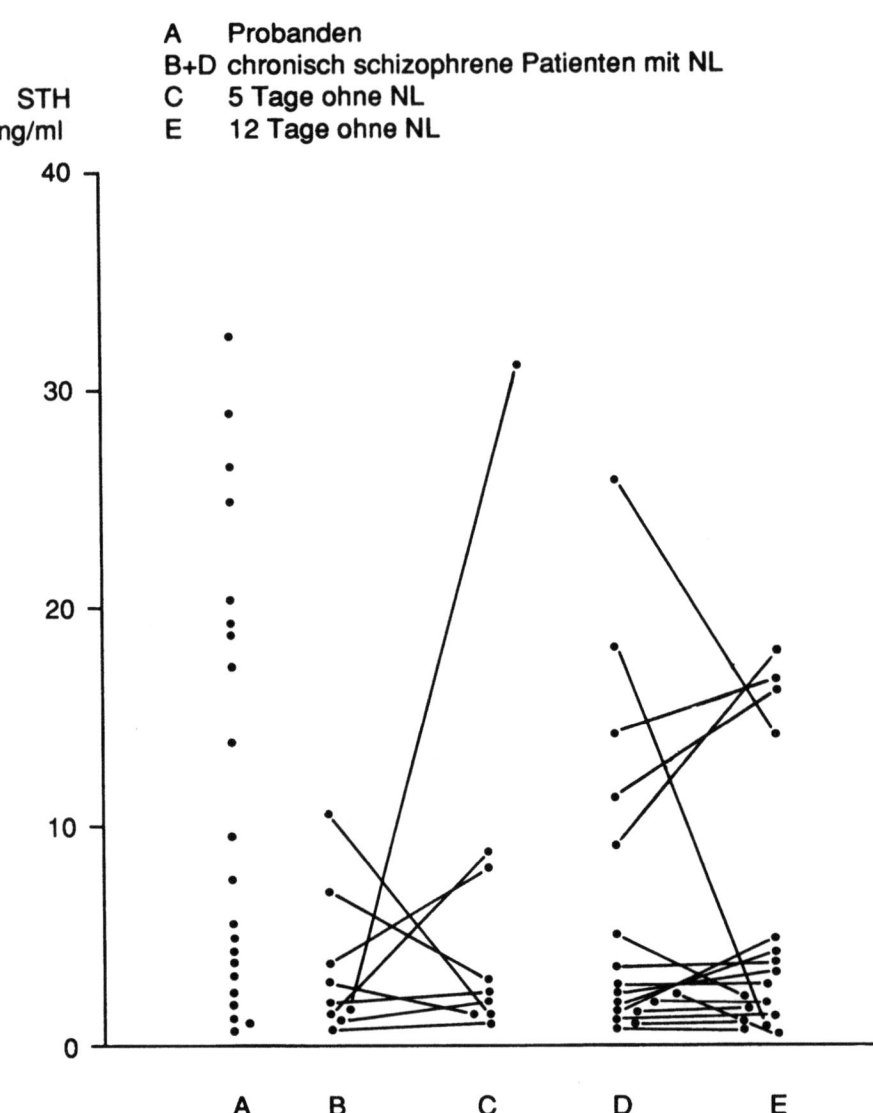

Clonidin

A   Probanden
B+D chronisch schizophrene Patienten mit NL
C   5 Tage ohne NL
E   12 Tage ohne NL

STH
ng/ml

Abb. 17. STH-AUC-Einzelverläufe (ng/ml x 120 min) nach Stimulation mit Clonidin
(0.15 mg i.v.) bei gesunden Probanden (A), chronisch schizophrenen Patienten unter
Langzeit-NL-Therapie (Studie 1:B, Studie 2:D) und nach einer 5 (Studie 1:C)- und 12-
tägigen (Sudie 2:E) Absetzperiode

effekt nur bei 9 Patienten ausgewertet. Weder die *basalen STH-Spiegel* noch die STH-Sekretion nach Clonidin zeigen an beiden Tagen signifikante Differenzen (Tabelle 25, Abb. 17) bzw. Unterschiede zu gesunden Probanden (430 ± 464 ng/ml x 120 min, 80 - 2184). Der hohe clonidinstimulierte STH-Mittelwert nach 5tägiger Absetzperiode erklärt sich durch den hohen Stimulationseffekt eines Patienten.

Studie 2: Die Auswertung der Ergebnisse wurde bei 17 Patienten durchgeführt (bei 3 Patienten lag die basale STH-Sekretion höher als 5 ng/ml nach 12 tägiger NL-Absetzperiode, keine nachfolgende höhere Stimulation). Signifikante Unterschiede waren weder in den *basalen STH-Werten* noch in der Sekretion *nach* Clonidin zwischen beiden Meßzeitpunkten zu ermitteln (Tabelle 26, Abb. 17).

Ebensowenig zeigte sich eine signifikante Beziehung zu altersentsprechenden gesunden Probanden (579 ± 611 ng/ml x 120 min, 80 - 2184), deren STH-Sekretion im *Mittelwert* aber deutlich höher lag.

Auch bestand keine signifikante Korrelation zwischen der Höhe der STH-Sekretion und dem *Alter* bei Probanden und Patienten bzw. zwischen der stimulierten STH-Sekretion und *psychopathologischen* Veränderungen oder zu *extrapyramidalen* Nebenwirkungen.

4.3.1 Diskussion

NL blockieren nicht nur dopaminerge Rezeptoren, sondern beeinflussen immer auch mehr oder weniger ausgeprägt das NA-System im Sinne eines adrenolytischen Effektes (Peroutka et al. 1977; Petersen 1981). So führte eine 30tägige Behandlung mit Clozapin, einer ausgeprägt Alpharezeptoren blockierenden Substanz, zu einem deutlichen NA-Plasmaanstieg (Sarafoff et al. 1979).

Dagegen war der Einfluß einer kurzzeitigen Haloperidoltherpaie auf die clonidininduzierte STH-Sekretion unwesentlich.

In Analogie zu diesem neuroendokrinologischen Befund konnte im Rahmen von Rezeptorbindungsstudien tierexperimentell nach einer Kurzzeittherapie mit dem NL Chlorpromazin ebenfalls keine veränderte Alpharezeptoraktivität im Hirngewebe nachgewiesen werden, dagegen war die Zahl der Alpharezeptoren in bestimmten Gehirnstrukturen nach einer Langzeitbehandlung mit der gleichen Substanz erhöht (Spengler und Smith 1982).

Um nun zu überprüfen, inwieweit eine neuroleptische Langzeittherapie auf peripherer Ebene analog wie im PRL-System zu einer Toleranzentwicklung führt, d.h. zu normalen NA-Plasmaspiegeln, wurden parallel zum PRL-Serumspiegel auch die NA-Plasmaspiegel bestimmt.

Das Ziel zweier anderer Untersuchungen lag in der Klärung der Frage, ob über eine zentrale Alpharezeptorblockade, ähnlich wie im dopaminergen System, eine verminderte STH-Sekretion auch nach Langzeittherapie vorliegt, bzw. ob eine vergleichbare rasche Rückkehr zu normaler Alpharezeptorstimulationsfähigkeit nach einer kurzzeitigen NL-Absetzperiode zu beobachten ist.

Im Gegensatz zu den Serum-PRL-Werten lagen die NA-Plasmaspiegel unter neuroleptischer Behandlung deutlich über dem Normbereich und fielen signifikant nach einer 12tägigen medikamentenfreien Periode ab, d.h. in diesem Bereich entwickelte sich keine Toleranz unter einer langfristigen Alpharezeptorblockade.

Im Unterschied zu den ausgeprägten peripheren Effekten, die auf die alpha-adrenolytische Aktivität der untersuchten NL hinweisen, ließen sich keine signifikanten zentralen Rezeptorveränderungen mit Hilfe des Clonidintests nachweisen (Müller-Spahn et al. 1986).

Auffallend war auch in diesen Studien die ausgeprägte Varianz der Einzelwerte sowohl bei Probanden als auch bei Patienten zu allen Meßzeitpunkten. Unter NL-Behandlung zeigten 13 von 17 Patienten - allerdings ohne signifikanten Unterschied zu gesunden Probanden - eine verminderte STH-Sekretion, die im Gegensatz zu den Ergebnissen nach Stimulation dopaminerger Rezeptoren, nach einer 12tägigen Absetzphase im Mittelwert weiter deutlich abfiel. Dieser Effekt ist jedoch weitgehend durch eine hohe Verminderung der STH-Sekretion bei zwei Patienten im medikamentenfreien Intervall zu erklären.

Da NL, wie bereits erwähnt, in Abhängigkeit von ihrer chemischen Struktur mit unterschiedlicher Affinität noradrenerge Rezeptoren blockieren, wäre möglicherweise die hohe Varianz der STH-Stimulationsergebnisse auch durch unterschiedliche pharmakologische Eigenschaften dieser Substanzen erklärbar. Derartige Zusammenhänge ließen sich jedoch nicht beobachten.

Eindeutige Beziehungen zwischen der STH-Sekretion und psychopathologischen Veränderungen bzw. extrapyramidalmotorischen Nebenwirkungen waren nicht darstellbar.

Somit entsprechen diese Ergebnisse den Befunden unter einer akuten Behandlung, die ebenfalls im Gegensatz zur Blockade dopaminerger Rezeptoren mit nachfolgender STH-Suppression zu keinen mit Hilfe des Clonidintests nachweisbaren eindeutigen Effekten führte.

5 Zusammenfassung

Die Ergebnisse unterschiedlicher Forschungsstrategien führten zur Formulierung der Dopamin- und Noradrenalinhypothese der Schizophrenie, die vor allem eine funktionelle Überaktivität dopaminerger aber auch noradrenerger Rezeptoren im Zusammenhang mit schizophrenen Erkrankungen postuliert. Beide Transmittersysteme spielen eine wichtige Rolle für eine adäquate Wahrnehmungsintegration und deren emotionale Bewertung.

Eine Störung in diesen Bereichen wird als ein wesentlicher Faktor in der Pathogenese schizophrener Erkrankungen betrachtet.

Deshalb zählen zu den Hauptforschungsrichtungen in der biologischen Psychiatrie die Untersuchungen dieser Transmittersysteme.

Neuroendokrinologische Experimente ermöglichen eine Aussage über die *Funktion* dieser Systeme. Eine besondere Bedeutung kommt dabei der Regulation des Wachstumshormons (STH) über dopaminerge und alphaadrenerge Rezeptoren, bzw. des Prolaktins (PRL) über dopaminerge Rezeptoren zu.

Die Stimulation mit dem Dopaminrezeptoragonisten Apomorphin führt zur vermehrten Sekretion von STH und zur verminderten Freisetzung von PRL.

Die Gabe des Alpha-2-Rezeptoragonisten Clonidin induziert ebenfalls eine vermehrte STH-Sekretion.

So ermöglicht die periphere Messung des STH eine Aussage über den Funktionszustand zentraler dopaminerger und alphaadrenerger Rezeptoren im hypothalamohypophysären System *in vivo* und läßt sich damit als extrazerebraler Indikator für intrazerebrale Prozesse, die uns nicht direkt zugänglich sind, charakterisieren.

In den vorliegenden Untersuchungen wurden folgende Ergebnisse gefunden:

1. Der *Apomorphintest* führt bei gesunden Probanden zur dosisabhängigen und reproduzierbaren Stimulation der STH-Sekretion.

2. Die STH-Sekretion liegt bei schizophrenen Patienten mit einem paranoid-halluzinatorischen Syndrom im Vergleich zu gesunden Probanden nach Stimulation mit Apomorphin als Ausdruck einer erhöhten dopaminergen Rezeptorempfindlichkeit signifikant höher. Dieser Effekt ist am deutlichsten bei Stimulation mit *niederen* Apomorphindosen sichtbar.

Im Gegensatz zu den Probanden zeigt die STH-Sekretion keine wesentlichen dosisabhängigen Unterschiede, da viele Patienten bereits bei Stimulation mit niederen Apomorphindosen so ausgeprägt STH sezernieren, wie dies bei Probanden erst nach Gabe der höchsten Dosis nachweisbar ist.

Dieser Befund läßt sich auch durch *wiederholte* Untersuchungen mit der jeweils gleichen Dosierung von Apomorphin bestätigen, wobei akute Patienten bereits bei Stimulation mit einer halb so hohen Dosis wie Probanden mindestens gleiche, zum Teil sogar höhere Stimulationseffekte zeigen.

3. Der *Apomorphintest* besitzt keine nosologische Spezifität. Auf der Syndromebene finden sich signifikante Unterschiede zwischen Patienten mit einer paranoid-halluzinatorischen Symptomatik, gesunden Kontrollen und Patienten mit ausschließlicher "Minussymptomatik".

Diese Ergebnisse bestätigen die Hypothese, daß eine Überempfindlichkeit dopaminerger Rezeptoren lediglich in der akuten Phase der Erkrankung vorliegt.

4. Eine eindeutige *Prädiktorfunktion* des Apomorphintests im Hinblick auf die klinische Wirksamkeit einer antipsychotischen Behandlung kann bei einer 42-tägigen Beobachtungsperiode nicht nachgewiesen werden.

5. In den vorliegenden Untersuchungen wird kein signifikanter Zusammenhang zwischen der *Krankheitsdauer*, der vorausgehenden *Behandlungsdauer* mit Neuroleptika und dem *Alter* der Probanden beobachtet.

6. Sowohl die basale *PRL-Sekretion* als auch die apomorphininduzierte PRL-*Sekretionssuppression* zeigen eine deutliche intraindividuelle *Variabilität* bei mehrmaliger Untersuchung. Interindividuell finden sich deutliche Unterschiede in der Höhe der *PRL-Sekretionssuppression*.

Im Gegensatz zu den eindeutigen Befunden der STH-Sekretion trägt die Untersuchung der PRL-Sekretion nicht wesentlich zum Nachweis einer unterschiedlichen dopaminergen Rezeptorempfindlichkeit zwischen Patienten und Probanden bei.

7. Die Untersuchung der Herzfrequenz, des Blutdrucks und der Katecholamine Noradrenalin und Adrenalin im Plasma lassen keine wesentliche Erhöhung der *sympathikotonen Aktivität* bei paranoid-halluzinatorischen Patienten erkennen.

8. Der *Clonidintest* besitzt ebenfalls keine nosologische Spezifität. Im Gegensatz zu der signifikant erhöhten dopaminergen Rezeptorempfindlichkeit bei akut psychotischen schizophrenen Patienten, kann lediglich vereinzelt eine erhöhte alphaadrenerge Rezeptorsensitivität bei dieser Patientengruppe nachgewiesen werden.

9. Eine langjährige Dopaminrezeptorblockade durch eine Langzeit-NL-Therapie führte im zentralen Teil des hypothalamohypophysären Systems nur bei sehr wenigen Patienten zu Adaptationseffekten; die STH-Sekretion war - analog zu den Ergebnissen einer Kurzzeit-NL-Behandlung - im allgemeinen supprimiert.

Nach einer 12tägigen NL-Absetzperiode waren den Probanden vergleichbare STH-Stimulationsergebnisse nachweisbar.

10. Im Gegensatz dazu lagen die *PRL-Serumwerte* nach einer langjährigen NL-Therapie als Ausdruck der peripheren Dopaminrezeptorblockade im Normbereich. Sie zeigen damit - im Unterschied zu den deutlich erhöhten PRL-Werten nach einer kurzzeitigen NL-Behandlung - eine *Toleranzentwicklung.*

11. Mit Hilfe des *Clonidintests* lassen sich dagegen keine wesentlichen zentralen alphaadrenergen Rezeptorveränderungen weder unter einer Langzeitbehandlung noch in der Absetzphase nachweisen.

12. Im Unterschied zu der *Toleranzentwicklung im PRL-System* liegt auch nach langjähriger NL-Therapie eine unverminderte alphaadrenolytische Wirkung mit *erhöhten NA-Plasmaspiegeln* vor.

Diese Befunde weisen einerseits auf die zentrale Bedeutung dopaminerger Systeme in der Pathophysiologie schizophrener Erkrankungen hin, zeigen gleichzeitig, daß die topographisch unterschiedlichen Dopaminsysteme nicht gleichförmig reagieren, auch wenn im wesentlichen die gleiche Rezeptorklasse durch die NL blockiert wird, und machen zusammenfassend deutlich, daß analog zu Störungen der Wahrnehmungsintegration bei schizophrenen Patienten auch eine Desintegration neuroendokrinologischer Funktionen vorwiegend im dopaminergen System vorliegt.

6 Literatur

Ackenheil M, Hippius H, Matussek N (1978) Ergebnisse der biochemischen Forschung auf dem Schizophreniegebiet. Nervenarzt 49:634-649

Ackenheil M, Albus M, Müller F, Müller T, Welter D, Zander K, Engel R (1979) Catecholamine response to short-time stress in schizophrenic and depressive patients. In: Usdin E, Kopin IJ, Barchas J (eds) Catecholamines: Basic and clinical frontiers, Pergamon Press, New York, 1937-1939

Ackenheil M (1981) Biochemical effects of apomorphine: contribution to schizophrenia research. In: Corsini GU, Gessa GL (eds) Apomorphine and other dopaminomimetics, vol II. Raven Press, New York, 215-224

Ackenheil M, Fröhler M, Goldig G, Rall C, Welter D (1982) Katecholaminbestimmung im Blut und Liquor mit Hochdruckflüssigkeitschromatographie und elektrochemischem Detektor. Arzneimittelforschung, 32 (II) 8:893

Ackenheil M, Albus M, Bondy B, Müller-Spahn F, Münch U, Naber D (1983) Neuroendocrine and receptor binding studies in schizophrenia. In: Pichot P, Berner P, Wolf R, Thau K (eds) Psychiatry: The state of the art, vol II. Plenum Press, New York, 215-220

Anden NE, Corrodi H, Fuxe K, Hokfelt B, Hokfelt T, Rvdin C, Svensson T (1970) Evidence for a central noradrenaline receptor stimulation by clonidine. Life Sci 9:513

Ansseau M, Scheyvaerts M, Doumont A, Poirrier R, Legros JJ, Franck G (1984) Concurrent use of REM latency, dexamethasone suppression clonidine and apomorphine tests as biological markers of endogenous depression: A pilot study. Psychiatry Res 12:261-272

Ansseau M, v. Frenckell R, Cerfontaine JL, Papart P, Franck G, Timsit-Berthier M, Geenen V, Legros JJ (1987) Neuroendocrine evaluation of catecholaminergic neurotransmission in mania. Psychiatry Res 22:193-206

Aratö M, Endrös A, Polgar M (1979) Endocrinological changes in patients with sexual dysfunction under long-term neuroleptic treatment. Pharmacopsychiatry 12:426-431

Arbeitsgemeinschaft für Methodik und Dokumentation in der Psychiatrie (1972) Das AMP-System. Springer, Berlin Heidelberg New York

Baldessarini RJ, Arana GW, Kula NS, Campbell A, Harding M (1981) Preclinical studies of the pharmacology of aporphines. In: Gessa GL, Corsini GU (eds) Apomorphine and other dopaminomimetics, vol I. Raven Press, New York, 219-228

Biosigma (1982) J - 125 Prolaktin RIA. Biosigma Broschüre

Bird ED, Spokes EG, Iversen LL (1979) Increased dopamine concentrations in limbic areas of brain from patients dying with schizophrenia. Brain 102:347-360

Bleuler E (1911) Dementia praecox oder Gruppe der Schizophrenien. In: Aschaffenburg G (Hrsg) Handbuch der Psychiatrie, Spez. Teil, 4. Abt., 1. Hälfte, F. Benticke, Leipzig Wien

Bondy B, Ackenheil M, Elbert R, Fröhler M (1984) Binding of ^{3}H-spiperone to human lymphocytes: A biological marker in schizophrenia? Psychiatry Res 15:41-48

Boyd AE, Lebovitz HE, Pfeiffer JB (1970) Stimulation of human growth hormone secretion by L-DOPA. N Engl J Med 283:1425-1429

Brambilla F, Bellodi L, Negri F, Smeraldi E, Malagoli G (1979) Dopamine receptor sensitivity in the hypothalamus of chronic schizophrenics after haloperidol therapy: growth hormone and prolactin response to stimuli. Psychoneuroendocrinology 4:329-339

Bronstein I, Semendjajew K (1970) Taschenbuch der Mathematik. Harri Deutsch, Zürich Frankfurt

Brown WA, Williams BW (1976) Methylphenidate increases serum growth hormone concentrations. J Clin Endocrinol Metab 3:937-939

Brown GM, Verhaegen H, Van Wimersma, Brugmans J (1982) Endocrine effects of domperidone: a peripheral blocking agent. Clin Endocrinol 15:275-282

Bunney BS jr, Walters JR, Roth RH, Aghajanian GK (1973) Dopaminergic neurons: effect of antipsychotic drugs and amphetamine on single unit activity. J Pharmacol Exp Ther 185:560-571

Burkman AM, Notari RE, van Tyle K (1974) Structural effects in drug distribution: comparative pharmacokinetics of apomorphine analogues. J Pharm Pharmacol 26:493-507

Burt D, Creese J, Snyder S (1977) Antischizophrenic drugs: Chronic treatment elevates dopamine receptor binding in brain. Science 196:326-328

Cammani F, Massara F, Belforte L, Molinatti GM (1975) Changes in plasma growth hormone levels in normal and acromegalic subjects following administration of 2-bromo-alpha-ergocryptine. J Clin Endocrinol Metab 40:363-366

Carlsson A, Lindquist M (1963) Effect of chlorpromazine or haloperidol on formation of 3-methoxytyramine and normetanephrine in mouse brain. Acta Pharmacol Toxicol 20:140-144

Carlsson A (1979) The impact of catecholamine research on medical science and practice. In: Usdin E, Kopin I, Barchas J (eds) Basic and clinical frontiers, vol I. Pergamon Press, New York, 4-19

Casper RC, Davis JM, Pandey GN, Garver DL, Dekirmenjian H (1977) Neuroendocrine and amine studies in affective illness. Psychoneuroendocrinology 2:105-113

Castellani S, Ziegler MG, van Kammen DP, Lake CR (1982) Plasma norepinephrine and serum dopamine-beta-hydroxylase activity in schizophrenia. Arch Gen Psychiatry 39:1145-1149

Chalmers JP, Baldessarini RJ, Wurtman RJ (1971) Effects of L-DOPA on norepinephrine metabolism in the brain. Proc Nat Acad of Sci 68:662-666

Checkley SA, Slade AP, Shur E (1981) Growth hormone and other responses to clonidine in patients with endogenous depression. Brit J Psychiatry 138:51-55

Chouinard G, Jones B (1980) Neuroleptic-induced supersensitivity psychosis: Clinical and pharmacological characteristics. Am J Psychiatry 137:16-21

Cleghorn JM, Brown GM, Brown PJ, Kaplan RD, Mitton J (1983) Growth hormone responses to graded doses of apomorphine HCL in schizophrenia. Biol Psychiatry, 18:875-885

Cleghorn JM, Brown GM, Brown PJ, Kaplan RD, Mitton J (1983) Longitudinal instability of hormone responses in schizophrenia. Prog Neuropsychopharmacol Biol Psychiatry 7:545-559

Collu AR, Jequier JC, Leboeuf G, Letarte J, Duchaine JR (1975) Endocrine effects of pimozide, a spezific dopaminergic blocker. J Clin Endocrinol Metab 41:981-984

Corn TH, Hale AS, Thompson C, Bridges PK, Checkley SA (1984) A comparison of the growth hormone responses to clonidine and apomorphine in the same patients with endogenous depression. Br J Psychiatry 144:636-639

Corsini GU, Piccardi MP, Bocchetta A, Bernardi F, Del Zompo M (1981) Behavioral effects of apomorphine in man: Dopamine receptor implications. In: Corsini GU, Gessa GL (eds) Clinical pharmacology, vol II. Raven Press, New York, 13-24

Cross AJ, Crow TJ, Owen F (1981) ^{3}H-Flupenthixol binding in post mortem brains of schizophrenics: Evidence for a selective increase in dopamine D_2 receptors. Psychopharmacology 74:122-124

Crow TJ (1973) Catecholamine containing neurons and electrical selfstimulation: II. A theoretical interpretation and some psychiatric implications. Psychol Med 3:66-73

Crow TJ (1982) Two dimensions of pathology in schizophrenia: Dopaminergic and non-dopaminergic. Psychopharmacol Bull 18:22-29

Dahlström A, Fuxe K (1965) Evidence for the existence of monoamine containing neurons in the central nervous system. II. Experimentally induced changes in the intraneural amine levels of bulbospinal neuron systems. Acta Physiol Scand 64 [Suppl] 247:1-36

Davis JM, Cole JD (1975) Antipsychotic drugs. In: Freedman AM, Kaplan HI, Sadock BJ (eds) Comprehensive textbook of psychiatry, vol II. Williams and Wilkins, Baltimore, 1921-1941

Davis JM, Tamminga C, Schaeffer MH, Smith RC (1981) Effects of apomorphine on schizophrenia. In: Corsini GU, Gessa GL (eds) Apomorphine and other dopaminomimetics, vol II. Raven Press, New York, 45-48

Davis JM, Vogel C, Gibbons R, Pavkovic J, Zhang M (1984) Pharmacoendocrinology of schizophrenia. In: Brown GM, Koslow SH, Reichlin S (eds) Neuroendocrinology and Psychiatric Disorder. Raven Press, New York, 29-54

Deklaration von Helsinki/Tokio (1976) Weltärztebund, 29. Generalversammlung des Weltärztebundes, Tokio 1975. Dtsch Ärztebl:131-133

Delini-Stula A (1986) Neuroanatomical, neuropharmacological and neurobiochemical target systems for antipsychotic activity of neuroleptics. Pharmacopsychiatry 19:134-139

Dimsdale JE, Moss J (1980) Plasma catecholamines in stress and exercise. JAMA 243:340-342

Ernst AM (1967) Mode of action of apomorphine and dexamphetamine on gnawing compulsion in rats. Psychopharmacologia (Berlin) 10:316-323

Ettigi P, Nair PV, Lal S, Cervantes P, Guyda H (1976) Effect of apomorphine on growth hormone and prolactin in schizophrenic patients, with or without oral dyskinesia, withdrawn fom chronic neuroleptic therapy. J Neurol Neurosurg Psychiatry 39:870-876

Farley IJ, Price KS, Mc Cullough E, Deck JHN, Hordynski W, Hornykiewicz O (1978) Norepinephrine in chronic paranoid schizophrenia: above normal levels in limbic forebrain. Science 200:456-458

Ferrier I, Johnstone E, Crow TJ (1984) Hormonal effects of apomorphine in schizophrenia. Br J Psychiatry 144:349-357

Ferrier N, Johnstone E, Crow TJ (1987) Growth hormone response to apomorphine. Arch Gen Psychiatry 44:93

Frazer A (1975) Adrenergic responses to depression: Implications for a receptor defect. In: Mendels J (ed) The psychobiology of depression. Spectrum, New York, 7-26

Freedman R, Kirch D, Bell J, Adler LE, Pecevich M, Pachtman E, Denver P (1982) Clonidine treatment of schizophrenia. Acta Psychiatr Scand 65:35-45

Fuxe K, Ungerstedt U (1970) Histochemical, biochemical and functional studies on central monoamine neurons after acute and chronic administration. In: Costa E, Garattini S (eds) Amphetamine and related compounds, Raven Press, New York, 257-288

Fuxe K, Agnati L, Zoli M, Härfstrand A, Grimaldi R, Bernardi P, Camurri M, Goldstein M (1985) Development of quantitative methods for the evaluation of the entity of neuroactive substances in nerve terminal populations in discrete areas of the central nervous system: Evidence for hormonal regulations of cotransmission. In: Agnati L, Fuxe K (eds) Wenner-Gren Symposium on Quantitative Neuroanatomy in Transmitter Research, Stockholm, Sweden, Mai 3-4. 1984, Macmillan Press, London, 157-175

Garver DL, Pandey GN, Dekirmenjian H, De Leon-Jones F (1975) Growth hormone and catecholamines in affective disease. Am J Psychiatry 132:1149-1153

Garver DL, Zemlan F, Hirschowitz J, Hitzemann R, Mavroidis ML (1984) Dopamine and non-dopamine psychoses. Psychopharmacology (Berlin) 84:138-140

Gattaz WF, Riederer P, Reynolds GP, Gattaz D, Beckmann H (1983) Dopamine and noradrenaline in the cerebrospinal fluid of schizophrenic patients. Psychiatry Res 8:243-250

Gerlach J (1979) Tardive dyskinesia. Dan Med Bull 26:209-245

Głowinsky J, Axelrod J (1965) Effects of drugs on the uptake, release and metabolism of ³H-norepinephrine in the rat brain. J Pharmacol Exp Ther 149:43-48

Gomes UCR, Shanley BC, Potgieter L, Roux JT (1980) Noradrenergic overactivity in chronic schizophrenia: Evidence based on cerebrospinal fluid noradrenaline and cyclic nucleotide concentrations. Br J Psychiatry 137:346-351

Gruen PH, Sachar EJ, Altman N, Langer G, Tabrizi MA, Halpern FS (1978) Relation of plasma prolactin to clinical response in schizophrenic patients. Arch Gen Psychiatry 35:1222-1227

Heinrich K, Wegener I, Bender HJ (1968) Späte extrapyramidale Hyperkinesen bei neuroleptischer Langzeittherapie. Pharmacopsychiatry 1:169-195

Hökfelt T, Ljungdahl A, Fuxe K, Johansson O (1974) Dopamine nerve terminals in the rat limbic cortex: Aspects of the dopamine hypothesis of schizophrenia. Science 184:177-179

Hornykiewicz O (1976) Neurohumoral interactions and basal ganglia function and dysfunction. In: Yahr MD (ed) The basal ganglia. Raven Press, New York, 269-278

ICD-9 (1980) Diagnosenschlüssel und Glossar psychiatrischer Krankheiten, 9. Revision. Springer, Berlin Heidelberg New York

Imura H, Kato Y, Ikeda M, Morimoto M, Yawata M (1971) Effect of adrenergic blocking or -stimulating agents on plasma growth hormone, immunoreactive insulin, and blood free fatty acid levels in man. J Clin Invest 50:1069-1079

Janowsky DS, Davis JM (1976) Methylphenidate, dextroamphetamine and lefamphetamine: effects on schizophrenic symptoms. Arch Gen Psychiatry 33:304-308

Jenner P, Marsden CD (1983) Neuroleptics and tardive dyskinesia. In: Coyle JT, Enna SJ (eds) Neuroleptics: Neurochemical, behavioral and clinical perspectives. Raven Press, New York, 223-254

Jimerson DC, Post RM, Stoddard FJ, Gillin JC, Bunney WE (1980) Preliminary trial of the noradrenergic agonist clonidine in psychiatric patients. Biol Psychiatry 15:45-57

Jimerson DC, Cutler NR, Post RM, Rey A, Gold PW, Brown GM, Bunney WE (1984) Neuroendocrine responses to apomorphine in depressed patients and healthy control subjects. Psychiatry Res 13:1-12

Jones BE, Bobillier P, Pin C, Jouvet M (1973) The effects of lesions of catecholamine-containing neurons upon monoamine content of the brain and EEG and behavioral waking in the cat. Brain Res 58:157-177

Kamberi IA, Schneider HPG, Mc Cann SM (1970) Action of dopamine to induce release of FSH-releasing factor (FRF) from hypothalamic tissue in vitro. Endocrinology 86:278-284

Kane MD, John M (1989) The current status of neuroleptic therapy. J Clin Psychiatry 50:322-328

Kebabian JW, Calne DB (1979) Multiple receptors for dopamine. Nature 277:93-96

Kemali D, Del Vecchio M, Maj M (1982) Increased noradrenaline levels in CSF and plasma of schizophrenic patients. Biol Psychiatry 17:711-717

Klawans HL, Goetz CG, Perlik S (1980) Tardive dyskinesia: Review and update. Am J Psychiatry 137:900-908

Kleinberg DL, Noel GL, Frantz AG (1971) Chlorpromazine stimulation and L-DOPA suppression of plasma prolactin in man. J Clin Endocrinol Metab 33:873-876

Kleinman JE, Reid A, Lake CR, Wyatt RJ (1985) Studies of norepinephrine in schizophrenia. In: Lake CR, Ziegler MG (eds) The catecholamines in psychiatric and neurologic disorders. Butterworth, London, 285-311

Kobinger W (1979) Alpha-adrenoreceptors and the action of clonidine - like drugs. Wenner-Gren-Center Intern Symposium Series 33:143-150

Kolakowska T, Wiles DH, Gelder MG, Mc Nelly AS (1976) Clinical significance of plasma chlorpromazine levels. Psychopharmacology 49:101-107

Koulu M, Lammintausta R, Dahlström S (1979) Stimulatory effect of acute baclofen administration on human growth hormone secretion. J Clin Endocrinol Metab 48:1038-1040

Kraepelin E (1899) Psychiatrie - Ein Lehrbuch für Studierende und Ärzte, 6. Aufl. Bd II. JA Barth, Leipzig

Krulich L, Mayfield MA, Steele MK, Mc Millen BA, Mc Cann SM, Koenig JI (1982) Differential effects of pharmacological manipulations of central alpha-1- and alpha-2-adrenergic receptors on the secretion of thyrotropin and growth hormone in male rats. Endocrinology 110:796-804

Lake CR, Sternbeger DE, van Kammen DP, Ballenger JC, Ziegler MG, Post RM, Kopin IJ, Bunney WE (1980) Schizophrenia: Elevated cerebrospinal fluid norepinephrine. Science 207:331-333

Lake CR, Ziegler GM (1985) Techniques for the assessment and interpretation of catecholamine measurements in neuropsychiatric patients. In: Lake CR, Ziegler MG (eds) The catecholamines in psychiatric and neurologic disorders. Butterworth, London, 1-36

Lal S, Vega CE de la, Sourkes TL, Friesen HG (1973) Effect of apomorphine on growth hormone, prolactin, luteinizing hormone and follicle-stimulating hormone levels in human serum. J Clin Endocrinol Metab 37:719-724

Lal S, Tolis G, Martin JB, Brown GM, Guyda H (1975) Effect of clonidine on growth hormone, prolactin, luteinizing hormone, follicle-stimulating hormone and thyroid-stimulating hormone in the serum. J Clin Endocrinol Metab 41:827-832

Lal S, Nair PV, Thavundayil JX, Monks RL, Guyda H (1983) Clonidine - induced growth-hormone secretion in chronic schizophrenia. Acta Psychiatr Scand 68:82-88

Langer G, Sachar EJ, Halpern FS, Gruen PH, Solomon M (1977) The prolactin response to neuroleptic drugs. A test of dopaminergic blockade: Neuroendocrine studies in normal men. J Clin Endocrinol Metab 45:996-1002

Le Fur G, Zarifian E, Phan T, Cuche H, Flamier A, Buochami F, Bursevin MC, Loo H, Gerard A, Uzan A (1983) 3H-spiperon binding in lymphocytes: changes in two different groups of schizophrenic patients and effects of neuroleptic treatment. Life Sci 32:245-249

Leonidovich P (1986) Biological studies of schizophrenia in europe. Schizophr Bull 12:83-100

Maany I, Mendels J, Frazer A, Brunswick D (1979) A study of growth hormone release in depression. Neuropsychobiology 5:282-289

Mancini AM, Guitelman A, Vargas CA, Debeljuk L, Aparicio NJ (1976) Effect of sulpiride on serum prolactin levels in humans. J Clin Endocrinol Metab 42:181-184

MacCann SM, Vijayan E, Negro-Vilar A, Mizunuma H, Mangat H (1984) Gamma aminobutyric acid (GABA), a modulator of anterior pituitary hormone secretion by hypothalamic and pituitary action. Psychoneuroendocrinology 9:97-106

MacIndoe JH, Turkington RW (1973) Stimulation of human prolactin secretion by intravenous infusion of L-tryptophan. J Clin Invest 52:1972-1978

MacWilliam JR, Meldrum BS (1983) Noradrenergic regulation of growth hormone secretion in the baboon. Endocrinology 112, 1:254-259

Martin JB (1973) Neural regulation of growth hormone secretion. N Engl J Med 288:1384-1393

Martin JB, Lal S, Tolis G, Friesen HG (1974) Inhibition by apomorphine of prolactin secretion in patients with elevated serum prolactin. J Clin Endocrinol Metab 39:180-182

Martin JB, Reichlin S, Brown GM (eds) (1977) Clinical neuroendocrinology. Davis, Philadelphia, 147-178

Martin-Du-Pan R, Baumann D (1979) Neuroendocrine effects of chronic neuroleptic therapy in male psychiatric patients. Psychoneuroendocrinology 3:245-252

Matussek N, Ackenheil M, Hippius H, Müller F, Schröder H-TH, Schultes H, Wasilewski B (1980) Effect of clonidine on growth hormone release in psychiatric patients and controls. Psychiatry Res 2:25-36

Matussek N (1982) Erweiterung und Einschränkung der Dopamin-Hypothese der Schizophrenie. In: Huber G (Hrsg.) Diagnostik, Basis-Symptome und biologische Parameter. Schattauer, Stuttgart New York, 315-318

Matussek N, Ackenheil M, Herz M (1984) The dependence of the clonidine growth hormone test on alkohol drinking habits and the menstrual cycle. Psychoneuroendocrinology 9:173-177

Matussek N (1988) Catecholamines and mood:neuroendocrine aspects. In: Ganten D, Pfaff D (eds) Current topics in neuroendocrinology, vol 8. Neuroendocrinology of mood. Springer, Berlin Heidelberg New York Tokyo, 141-182

May J, Baran L, Sowinska H, Zielinski M (1975) The influence of cholinolytics on clonidine action. Pol J Pharmacol Pharm 27 (1):17

Meltzer HY, Stahl SM (1976) The dopamine hypothesis of schizophrenia: a review. Schizophr Bull 2:19-76

Meltzer HY, Busch D, Fang VS (1981) Hormones, dopamine receptors and schizophrenia. Psychoneuroendocrinology 6, 1:17-36

Meltzer HY, Kolakowska T, Fang VS, Fogg L, Robertson A, Lewine R, Strahilevitz M, Busch D (1984) Growth hormone and prolactin response to apomorphine in schizophrenia and the major affective disorders. Arch Gen Psychiatry 41:512-519

Meltzer HY (1984) Neuroendocrine abnormalities in schizophrenia: Prolactin, growth hormone and gonadotrophins. In: Brown GM, Koslow SH, Reichlin S (eds) Neuroendocrinology and psychiatric disorder. Raven Press, New York, 1-28

Mueller GP, Simpkins J, Meites J, Moore KE (1976) Differential effects of dopamine agonists and haloperidol on release of prolactin, thyroid stimulating hormone, growth hormone and luteinizing hormone in rats. Neuroendocrinology 20:121-135

Müller P (1983) Was sollen wir Schizophrenen raten: Medikamentöse Langzeitprophylaxe oder Intervallbehandlung? Nervenarzt 54:477-485

Muller P, Seeman P (1978) Dopaminergic supersensitivity after neuroleptics: Time course and specifity. Psychopharmacology 60:1-11

Müller-Spahn F, Ackenheil M, Albus M, May G, Naber D, Welter D, Zander K (1984) Neuroendocrine effects of apomorphine in chronic schizophrenic patients under long-term neuroleptic therapy and after drug withdrawal: Relations to psychopathology and tardive dyskinesia. Psychopharmacology 84:436-440

Müller-Spahn F, Ackenheil M, Albus M, Botschev C, Naber D, Welter D (1986) Neuroendocrine effects of clonidine in chronic schizophrenic patients under long-term neuroleptic therapy and after drug withdrawal: Relations to psychopathology. Psychopharmacology 88:190-195

Naber D, Ackenheil M, Laakmann G, Fischer H, Werder K von (1980) Basal and stimulated levels of prolactin, TSH and LH in serum of chronic schizophrenic patients, long-term treated with neuroleptics. Pharmacopsychiatry 13:325-330

National Institute of Mental Health (1976) 028 CGI. Clinical Global Impressions. In: Guy W (ed) ECDEU Assessment Manual for Psychopharmacology, Rev Ed Rockville, 217-222

Nedopil N, Weissbrummer J, Rüther E (1984) Neuroendocrine changes during the course of neuroleptic treatment of schizophrenic patients. In: Shah N, Donald AG (eds) Psychoneuroendocrine Dysfunction. Plenum Medical Book, New York London, 583-598

Neumeyer JL, Lal S, Baldessarini RJ (1981) Historical highlights of the chemistry, pharmacology and early clinical uses of apomorphine. In: Gessa GL, Corsini GU (eds) Apomorphine and other dopaminomimetics, vol I. Raven Press, New York, 209-218

Osmond H, Smythies J (1952) Schizophrenia: A new approach. J. Ment Sci 98:309-315

Overall JE, Gorham DR (1976) Brief Psychiatric Rating Scale. In: Guy W (ed) ECDEU Assessment Manual for Psychopharmacology, Rev Ed Rockville, 157-169

Owen F, Crow TJ, Poulter M, Cross AJ, Longden A, Riley GJ (1978) Increased dopamine receptor sensitivity in schizophrenia. Lancet II:223-226

Pandey GN, Garver DL, Tamminga C, Ericksen S, Ali SJ, Davis JM (1977) Postsynaptic supersensitivity in schizophrenia. Am J Psychiatry 134:518-522

Peroutka SJ, U'Prichard DC, Greenberg DA, Snyder SH (1977) Neuroleptic drug interactions with norepinephrine alpha-receptor binding sites in rat brain. Neuropharmacology 16:549-556

Peroutka SJ, Snyder SH (1980) Relationship of neuroleptic drug effects at brain dopamine, serotonin, a-adrenergic and histamine receptors to clinical potency. Am J Psychiatry 137:1518-1522

Petersen EN (1981) Pre- and postsynaptic alpha-adrenoceptor antagonism by neuroleptics in vivo. Eur J Pharmacol 69:399-405

Pozo del E, Re del RB, Varga L, Friesen H (1972) The inhibition of prolactin secretion in man by CB-154 (2-Br-alpha-ergocryptine). J Clin Endocrinol Metab 35:768-771

Quabbe HJ (1986) Growth Hormone. In: Lightman SL, Everitt BJ (eds) Neuroendocrinology, Blackwell, London, 409-449

Quattrone A, Tedeschi G, Aguglia U, Scopacasa F, di Landro GF, Annunziato L (1983) Prolactin secretion in man: A useful tool to evaluate the activity of drugs on central 5-hydroxytryptaminergic neurones: Studies with fenfluramine. Br J Clin Pharmacol 16:471-475

Rice HE, Smith ChB, Silk KR, Rosen J (1984) Platelet alpha$_2$-adrenergic receptors in schizophrenic patients before and after phenothiazine treatment. Psychiatry Res 12:69-77

Rose RM (1984) Overview of endocrinology of stress. In: Brown GM, Koslow SH, Reichlin S (eds) Neuroendocrinology and Psychiatric Disorder. Raven Press, New York, 95-122

Rotrosen J, Angrist B, Gershon S (1976) Dopamine receptor alteration in schizophrenia: Neuroendocrine evidence. Psychopharmacology 51:1-7

Rotrosen J, Angrist B, Clark C, Gershon S, Halpern F, Sachar E (1978a) Suppression of prolactin by dopamine agonists in schizophrenics and controls. Am J Psychiatry 135:949-951

Rotrosen J, Angrist B, Paquin J (1978b) Neuroendocrine studies with dopamine agonists in schizophrenia. Psychopharmacol Bull 14:14-16

Rotrosen J, Angrist B, Gershon S, Paquin J, Branchey L, Oleshansky M, Halpern F, Sachar E (1979) Neuroendocrine effects on apomorphine: Characterization of response patterns and application to schizophrenia research. Br J Psychiatry 135:444-456

Saraffof M, Davis L, Rüther E (1979) Clozapine induced increase of human plasma norepinephrine. J Neural Transm 46:175-180

Sedvall G (1979) Neuroendocrine correlates in schizophrenia. In: Müller EE, Agnoli A (eds) Neuroendocrine correlates in neurology and psychiatry. Elsevier, Amsterdam, 195-209

Seeman P (1980) Brain dopamine receptors. Pharmacol Rev 32:177-189

Siever LJ, Insel TR, Jimerson DC, Lake CR, Uhde TW, Aloi J, Murphy DL (1983) Growth hormone response to clonidine in obsessive-compulsive patients. Br J Psychiatry 142:184-187

Snyder SH (1972) Catecholamines in the brain as mediators of amphetamine psychosis. Arch Gen Psychiatry 27:169-179

Spengler RN, Smith CB (1982) Chronic chlorpromazine alters spezific binding of tritiated clonidine to membranes from various areas of rat brain. Pharmacologist 24:692

Spitzer RL, Endicott J, Robins E (1982) Forschungs-Diagnose-Kriterien (RDC), Deutsche Bearbeitung Klein HE. Beltz, Weinheim Basel

Spring B, Nuechterlein KH, Sugarman J, Matthysse S (1977) The "New Look" in studies of schizophrenic attention and information processing. Schizophrenia Bull 3:470-482

Sternberg DE, van Kammen DP, Lake CR, Ballenger JC, Marder STR, Bunney WE (1981) The effect of pimozide on CSF norepinephrine in schizophrenia. Am J Psychiatry 138:1045-1051

Sugerman AA (1967) A pilot study of ST-155 (catapres) in chronic schizophrenics. J Clin Pharmacol 7:226-230

Tamminga CA, Smith RC, Pandey G, Frohmann LA, Davis JM (1977) A neuroendocrine study of supersensitivity in tardive dyskinesia. Arch Gen Psychiatry 34:1199-1203

Tamminga CA, Crayton JW, Chase TN (1978) GABA-agonist therapy in schizophrenia. Am J Psychiatry 135:746-747

Tamminga CA, De Fraites EG, Gotts MD, Chase TN (1981) Apomorphine and N-Propylnorapomorphine in the treatment of schizophrenia. In: Corsini GU, Gessa GL (eds) Apomorphine and other dopaminomimetics, vol II. Raven Press, New York, 49-55

Terry LC (1984) Catecholamine regulation of growth hormone and thyrotropin in mood disorders. In: Brown GM, Koslow SH, Reichlin S (eds) Neuroendocrinology and psychiatric disorder. Raven Press, New York, 237-254

Thorner MO, Ryan SM, Wass JAH, Jones A, Bouloux P, Williams S, Besser GM (1978) Effect of the dopamine agonist lergotrile mesylate on circulating anterior pituitary hormones in man. J Clin Endocrinol Metab 47:372-378

Tuomisto J, Mannistö P (1985) Neurotransmitter regulation of anterior pituitary hormones. Pharmacological reviews. Am Soc Pharmacol Exp Ther 37:249-332

Uhde TW, Vittone BJ, Siever LJ, Kaye WH, Post RM (1986) Blunted growth hormone response to clonidine in panic disorder patients. Biol Psychiatry 21:1077-1081

Van Valkenburg C, Winokur G (1984) Hypertension and paranoia. Am J Psychiatry 141:999-1000

Venables PH (1975) Psychophysiological studies of schizophrenic pathology. In: Venables PH, Christie MJ (eds) Research in psychophysiology. Wiley, London New York

Watson SJ, Akil H, Berger PA (1979) Some observations on the opiate peptides and schizophrenia. Arch Gen Psychiatry 36:35-41

Webster DD (1968) Critical analysis of disability in Parkinson's disease. Mod Treatm (NY) 5:257-282

Werder K von (1975) Wachstumshormon- und Prolaktin-Sekretion des Menschen. Urban und Schwarzenberg, München

Winblad B, Bucht G, Gottfries CG, Roos BE (1979) Monoamines and monoamine metabolites in brains from demented schizophrenics. Acta Psychiatr Scand 60:17-28

Wöller W, Tegeler J (1983) Späte extrapyramidale Hyperkinesen, Klinik-Prävalenz-Pathophysiologie. Fortschr Neurol Psychiat 51:131-157

Wode-Helgodt B, Borg S, Fyro B, Sedvall G (1978) Clinical effects and drug concentrations in plasma and cerebrospinal fluid in psychotic patients treated with fixed doses of chlorpromazine. Acta Psychiatr Scand 58:149-173

Wong DF, Wagner HN, Tune LE, Dannals RF, Pearlson GD, Links JM, Tamminga CA, Broussolle EP, Ravert HT, Wilson AA, Toung JK, Malat J, Williams JA, O'Tuama LA, Snyder SH, Kuhar MJ, Gjedde A (1986) Positron emission tomography reveals elevated D_2-dopamine receptors in drug-naive schizophrenics. Science 234:1558-1563

Zander KJ, Fischer B, Zimmer R, Ackenheil M (1981) Long-term neuroleptic treatment of chronic schizophrenic patients, clinical and biochemical effects of withdrawal. Psychopharmacology 73:43-47

Zemlan FP, Hirschowitz J, Sautter F, Garver DL (1986) Relationship of psychotic symptom clusters in schizophrenia to neuroleptic treatment and growth hormone response to apomorphine. Psychiatry Res 18: 239-255

7 Sachverzeichnis